名古屋経済大学叢書❼

情報資源管理とシステム構築統制の探究

――管理思想からの理論的検討――

中西昌武［著］

共立出版

はしがき

本書は情報システムの構築管理を，情報資源管理とシステム構築統制に焦点を当てて探究的に再考したものである．情報資源管理はひところブームになったほど有力なアプローチ思想であったが，現在の我が国ではすっかり忘れ去られた感がある．ここで問いかけたいことがある．あれほど期待された情報資源管理はなぜ期待を裏切ったのか？　失敗の背景には何か普遍的で原理的な理由があったのではないか？　それを理論的に解明すれば，我が国のシステム構築プロジェクトの今後の質的向上に資することができるのではないか？　それが本書の執筆動機である．

本来の情報システムは情報資源管理の実現手段であり，システム構築は情報資源管理の道具作りである．その道具作りが実は厄介であった．人文社会科学の手ほどきを受けてから情報システムの世界に入った筆者は長い間，システム構築の問題を解くカギは，利害関係がまとわり付く主体間の交渉の構造にあると考えていた．その一方で，システム構築は高度の技術的営みであり，個々の理論があることも承知していた．システム構築の現場ではこれらの要因が複雑に絡み合い，プロジェクトの落とし穴や成否の分かれ目もそこにあった．そこで本書では，この絡み合いを標的と定め，社会学の知見を主に援用した統制枠組みを基本とし，技術運用の管理機構にこれを補助させることで，理論的にも実践的にも普遍的な説明力のある統制モデルを作ることにした．このモデルは筆者の問題関心の投影であり，小さく構成したので理論限界もあるが，経験豊富な実務家なら適度に問題分析ができるモデル構成を得たと考えている．

この統制モデルは，システム構築の当事者が直面する問題を解くカギを提供するが，ハウツーまでは提供しない．勉強熱心な日本のIT関係者はすでにたくさんのハウツーを抱えていて，それを効果的に適用する切り込み方がわからないだけである．それを自分で考えて実践できるようにするのが本書の狙いである．

そこで本書の読み方だが，あえて速読を控え，じっくりと自己吟味の時を持ち，筆者と対話し議論する心持ちでの熟読をお勧めする．また批判で終わらせるのではなく，ぜひ止揚を試み，ご自身のモデル作りに向かって頂きたい．そして成功体験をお持ちの方には「なぜ成功したのか？」を振り返る機会として頂きたい．そうすれば，本書の意図の理解と同時に，ご自身の問題関心が自覚され，相対化された世界観が明確になると思う．ただし「利用者こそが最重要の情報資源である」という命題については何度も反芻し，筆者と共有して頂きたいと願っている．これを欠いては情報資源管理が成立しないと信じるからである．加えていえば，失敗の背景を探るための重要な手掛かりもここにある．

本書の第1章では情報資源管理の考え方について概観した．第2章では，情報資源管理の思想がどのように生まれ，どのように歩んだかを振り返り，その上で，この管理思想を再び生かすための道について論じた．第3章から第6章では，情報資源管理の実現手段である情報システムを着実に構築するためのプロジェクト統制のありかたについて，社会学の知見などを借りながら論じた．第7章では総括と展望を述べた．

情報資源管理は古くて新しいテーマであり，学べば温故知新の良きテキストとなる．本書で明らかにしたプロジェクト統制の仕組みは普遍的な構造であるから，適用技術やアプローチ手法を問わず，時代を超えて求められるものである．この統制をきちんと整備できたプロジェクトは無事に進み，そうでないプロジェクトは困難を経験したに違いないと筆者は考える．その意味でも本書の知見を，ぜひシステム構築プロジェクト統制の参照モデルとして活用して頂きたい．これを土台に敷くことができた企業は，情報資源管理の実現を強く指向した情報システムの構想が可能となり，情報資源管理の果実を遠からず手にするはずである．

また，このような統制の整備に最も関心を持つべきはシステム構築の施主であると考える．情報資源管理とシステム構築統制は，ともに本来は施主の発意と責任において整備すべき思想であり統制機構である．施主にはそのような力がある．施主がその気になり責任を引き受けて行動すれば門は開かれる．その意味で本書の統制モデルについては，施主の本来の力を取り戻す足掛かりとして活用されることを期待している．

本書で示した統制枠組みを検討するにあたっては，社会学，教育学，科学哲学，宗教哲学などの人文社会科学の知恵を幅広く拝借した．人文社会科学にオリエンテーションをお持ちの方には，馴染みやすく議論に参加しやすい構成になったかもしれない．システム構築の分野の研究ではこのような学際的な迫り方は珍しく，その意味で類書のない刊行となったが，システム構築が人間の営みである以上，この問題を解き明かすための道具立てとして欠かせないものと考えている．

本書では情報システムを指示する言葉について，そのものを指す場合に限り「情報システム」と表現した．それ以外の場合（「システム構築」，「システム部門」，「システム監査」，「システム化」，「システム技術」など）は「情報」の語句を省いた．

本書は学校法人市邨学園創立100周年記念事業の1つである「名古屋経済大学叢書」の第7巻として刊行するものである．関係者の皆様に厚く感謝申し上げる．また，刊行にあたっては共立出版株式会社編集部の石井徹也氏に大変お世話になった．心から感謝を申し上げる．

2020年3月吉日　　中西昌武

初出論文一覧

本書の第 1 章から第 6 章は，以下の初出論文を大幅に加筆修正して執筆した．また第 7 章は新たに執筆した．

第 1 章の初出論文の使用については，株式会社中央経済社から許諾を頂いたことに感謝申し上げる．なお第 2 章から第 6 章の初出論文については，名古屋経済大学『経済経営論集』の編集規定に則り使用が認められたことに感謝申し上げる．

第 1 章

中西昌武,「情報資源管理」，岸川典昭; 中村雅章（編著），『経営情報論』，中央経済社，1998，第 11 章第 1 節から第 3 節の所収部分．

第 2 章

中西昌武,「企業情報システムの構想力と情報資源管理」，『経済経営論集』，名古屋経済大学・市邨学園短期大学経済経営研究会，vol.17，no.2，2010.3.

第 3 章

中西昌武,「システム構築プロジェクトの構造的統制　要件統制と自己組織統制」，『経済経営論集』，名古屋経済大学・市邨学園短期大学経済経営研究会，vol.3，no.1，1995.12.

第 4 章

中西昌武,「システム構築プロジェクトの構造的統制 (Ⅱ)」,『経済経営論集』, 名古屋経済大学・市邨学園短期大学経済経営研究会, vol.3, no.2, 1996.3.

第 5 章

中西昌武,「システム構築プロジェクトの構造的統制 (Ⅲ)　課題達成に向けてのプロジェクト資源の動員」,『経済経営論集』, 名古屋経済大学・市邨学園短期大学経済経営研究会, vol.4, no.1, 1996.7.

第 6 章

中西昌武,「システム構築プロジェクトの構造的統制 (Ⅳ)　規範解体におけるシステム構築プロジェクトの統制と監査」,『経済経営論集』, 名古屋経済大学・市邨学園短期大学経済経営研究会, vol.4, no.2, 1996.12.

第 7 章

新規執筆

目　次

第1章

情報資源管理の考え方

1.1 経営におけるデータと情報

ここでは活用によって経営の実用価値を引き出せると見なせるものを経営資源と呼ぶ．企業は様々な経営資源（人，もの，カネ，情報など）を用いて事業活動を営んでいる．事業の決め手となる経営資源は業種（流通業，製造業，金融業，不動産業，人材派遣業，情報通信サービス業など）や業態（店舗／無店舗，元請け／下請けなど）によってかなり異なる．

しかし，必要な経営資源を必要なときに必要なだけ調達でき，使用できなければ事業運営が難しくなる点ではどの企業も同じである．経営資源は，ただ単に調達し使用できればよいというものではない．無駄な抱え込みは管理コストの増大につながり，ずさんな調達は調達コストの増大を招く．経営資源の調達と使用には，効率的な管理運用が求められるのである．

上であげた経営資源のうち「情報」は，他の資源と少し性格が異なっている．情報についての定義は多いが，ここでは「主体によって認識され意味づけられた内容」と定義しておく．また「事物事象についての記号表現」をデータと呼ぶことにする．

データ，情報は主体の認識作用の産物であるから，常に「何かについてのデータ，情報」でしかなく，他のものと切り離してデータ，情報がそれ自体で存在するなどということはない．経営におけるデータは，他の経営資源（人，もの，カネなど）に関する状態の記号表現であり，また情報は主体の認識内容（「ヒトが余っている」「在庫が不足している」「債権がまだ回収できていない」など）である．主体は，これらのデータや情報を用いて経営資源の管理状態を評価し，しかるべき経営行動をとることになる．

ところで主体は，どのような手段を用いてこのようなデータや情報を得るのだろうか．ここでは仕入担当者Aが在庫状況を確認する場合を例にとって考えてみよう（図1.1）．

① Aは，いちいち自分で倉庫に出向き，現物在庫を目で確認する．
② Aは，倉庫担当者に問い合せ，倉庫担当者は目視した在庫データを報告する．
③ Aは，コンピュータ端末から在庫ファイルの在庫データを調べる．
④ Aは，経験と勘で「そろそろ在庫がなくなる頃だ」と判断する．

それぞれの情報行動の特徴を観察すると以下のようになる．

①の場合，Aは仕入業務の手を止めて倉庫に行くので．在庫確認に手間がかかるだけでなく，Aの本来の業務時間まで奪っており，業務全体の効率性を下げている．

②の場合，倉庫担当者にも仕事の都合があり，倉庫担当者が何時，在庫確認に足を運ぶかの結果次第ではAの要求を満たせない報告タイミングとなる．

③の場合，倉庫担当者が適用する入出庫業務の方法によってデータの信頼性や報告のスピードが異なる．

④の在庫認識は，A自身の予断的な情報[1)]を膨らませたものである．おそらく在庫不足による失注や，無駄な仕入による過剰在庫が多くなるので効率的な経営は期待できない．

---

1) この予断的情報の元となるデータは，Aの記憶に貯蔵された記号の塊であろう．これについては中野収 [1] のメディア論的な考察や吉田民人 [2] の理論的考察が参考になる．

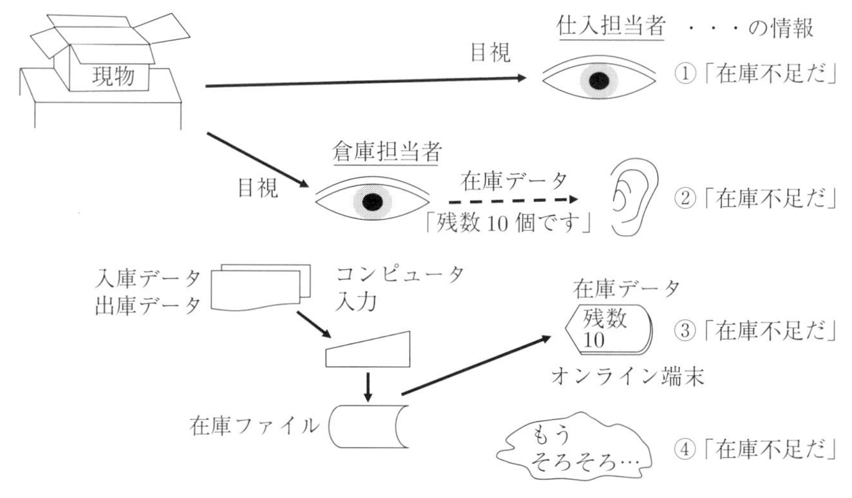

図 1.1　在庫に関する様々な情報

これらのうち最も効率的で迅速かつ正確な処理が行えるのは ③ であろう．データが信頼できる状態で管理されていれば，仕入担当者は，コンピュータ端末からの表示データだけを用いて在庫状態を把握し仕入業務を行うことができる[2)]．倉庫業務と仕入業務との完全な分業の成立である．また業務間の伝達や連絡で発生していた伝票作成や文書転記などの作業負担も削減される．

仕入業務や受注・出荷業務などのオペレーショナルな業務では，業務を正しく遂行するために必要な現物情報のほとんどは，このようにデータを媒介として入手することができる．しかもコンピュータ通信を用いればデータは瞬時に遠隔地に送ることができる．コンピュータ・データの利用（業務のコンピュータ・データ化）は，このように「業務の現物からの解放」を促し，経営効率を著しく向上させる．

---

2) 実在庫数量を適時に把握したとしても，出荷速度や納入リードタイムのデータを加えた適正在庫モデルの手を借りなければ的確な仕入発注の情報が作れず，経験と勘に頼った発注数量となってしまう．この先の議論は本書の対象範囲外となるので詳しくは他書を参照のこと．

業務のコンピュータ・データ化は，管理部門のマネジリアルな業務も効率化する．管理部門では，日々のオペレーション業務の実績を計画と対比することによって現在の状況を評価し，しかるべき対応を行う責任がある．刻々と変化する業務状況を記録したデータがコンピュータ・ファイルに蓄積され，管理部門がいつでも必要に応じてこのデータを分析できるようにすると，管理部門は「異常データの検出」の形で問題の分析を行い，また改善結果をデータで客観的に評価できるようになる．

管理業務で分析するデータの多くは，繰り返し測定可能な変数である．そのため管理ノウハウの多くは変数間の関係 (管理モデル) として表現されることが多い．これらのなかには経営管理を数理的に行う OR (operations research) 手法として理論化された以下のようなものもある．

- ABC 統計分析
- 見積もりモデル
- 適正在庫モデル
- スケジューリング・モデル
- 数理計画法
- 資材所要量計画：MRP (material requirements planning)

管理業務をコンピュータ・データ化すると「管理部門の現場からの解放」が行えるが，それ以上に重要なのは，漫然と現場を観察しただけでは捉えきれない「業務管理上の問題」がモデルによって浮き彫りにできる点である．現場データを集約することにより，売れ筋トレンド分析，最適発注タイミング設定，スケジュール予測，顧客分類などが行えるようになるのである．

管理モデルの信頼性が高まると，自動発注や自動与信審査など業務の自動化も可能になる．また管理業務のコンピュータ・データ化は，経験と勘に頼る不安定な管理から科学的管理へと管理マインドの変革を促すことにもつながる．

戦略計画レベルの業務へのデータ利用は今でも決して容易ではないが，データを無視した戦略計画もまたあり得ない．そのため現在でも意思決定支援システム：DSS (decision support system) をはじめ，この分野での理論研究や応用研究が積極的に続けられている．

このように，データ，情報をうまく用いて経営資源の管理状態を評価し，しかるべき経営行動がとれるようになると，大きな経営効果が期待できるようになる．

1.2 情報資源管理のモデル

情報資源管理の思想は一時期ブームになったが，それは斯界の牽引者たちが情報資源管理を精力的に体系化した結果に負っている．この節では情報資源管理アーキテクチャの代表的なモデルを検討するとともに，情報資源管理の成長シナリオについて概観する．

1.2.1 情報資源および情報資源管理の概念規定

その準備として，はじめに情報資源および情報資源管理の概念規定をする．情報資源 (information resource) の定義は論者によって広狭様々だが，ここではシノット (Synnott, W. R.) [3] やブライス父子 (Bryce, M. and Bryce, T.) [4] と同じく広く捉え，「情報の生成や活用に必要なため経営管理すべき資源」と定義する．また情報資源管理：IRM (information resource management) を「業務目的の達成に向けて情報資源を統制し調和させる体系的活動」と定義する．

情報資源をデータや情報に限定せず，このように広く捉える理由は，データや情報が他のものと切り離してそれ単独で存在し得ず，より有効なデータや情報の活用方法を議論しようとすると，これらが対象とする他の経営資源との間の関係の検討に入らざるを得ないからである．このことが布石となって情報資源管理アーキテクチャ[3]の構想が生まれた.

1.2.2　情報資源管理アーキテクチャ

シノットは，金融機関における自らの成果を基に，図1.2のような情報資源管理アーキテクチャを提唱した.

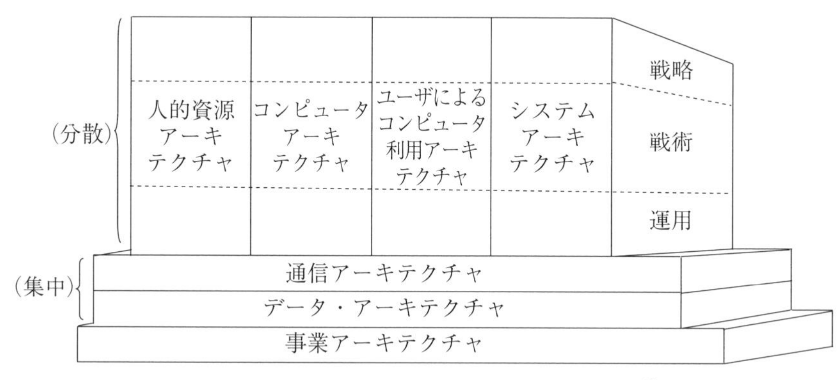

図1.2　シノットによる情報資源アーキテクチャ[4]

シノットのモデルは，7種類の情報資源管理アーキテクチャから構成されている.

モデルの基盤

① 事業アーキテクチャ——戦略計画を基に作成された，事業内容，事業組織，情報技術ニーズなどの体系的前提の管理.

集中資源：全社的に適用

② データ・アーキテクチャ——全社的に共有するデータベース体系の管理.

---

[3] アーキテクチャはシステム全体の骨格となる構造を意味する言葉である.
[4] 文献[3]より転載.

③　通信アーキテクチャ――全社的に共有する通信ネットワーク体系の管理.

分散資源：事業ごとに適用可能

④　人的資源アーキテクチャ――システム要員の調達・動員の計画的管理.
⑤　コンピュータ・アーキテクチャ――コンピュータ構成の計画的管理.
⑥　ユーザによるコンピュータ利用アーキテクチャ――末端利用者の情報活用能力の計画的管理.
⑦　システム・アーキテクチャ――情報システムの開発・運用の計画的管理.

そしてこれらの情報資源の管理計画は，戦略・戦術・運用の3つのレベルで作成されなければならないとしている．戦略計画では，組織全体の支援のためにどのように情報資源を活用すべきか，という中長期の問題を検討する．また戦術計画では，それぞれの事業展開にどのように情報資源を具体的に用いていくか，という短期の問題を検討する．運用計画では，日常業務で発生する個別の問題への対応を検討する．

このように情報資源を整備する目的は，管理職や専門職が情報を容易に入手できるようにすることで，意思決定のスピードアップ，計画作りの促進，生産性の向上，市場要求への迅速対応などが可能な企業へと企業能力を高めていくことである，とシノットは指摘する．

シノットの指摘で重要なのは，コンピュータ，通信，データベース，情報システムなどといったツール面の整備のほかに，事業基盤そのものの整備，事業の担い手となる利用者の情報活用能力の整備，そしてシステム関連のサービスを行うシステム要員の整備にきちんと焦点を当てている点である．確かに，事業目標が明確でない業務では情報ニーズは曖昧になりがちである．利用者の情報活用能力を無視した「データ提供」から，利用者が価値ある情報を引き出すことは難しい．能力ある構築要員が調達できないままシステム構築しても利用者満足度の高い情報システムの確保は望めない．また利用者の事業マインドの変革が求められるシステム導入もある．これらの資源を秩序ある形で関係づけていこうとすれば，事業計画と情報技術計画の調和ある統合が不可欠になる．

ブライス父子は，父ミルト (Milt) の卓抜した技術者としての成功体験[5)]に基づき，組織資源，システム資源，データ資源の3種類の情報資源から構成されるモデルを提示した．これらの情報資源は，情報を頂点とするピラミッドを支えており，情報はこれを活用する組織資源（この中には設備資源を含む），情報の生成と伝達・保管を媒介するデータ資源，および情報の処理と作成を担うシステム資源と，相互に関係し合っている．また資源どうしも相互に関係し合っている．彼らは，情報とデータの混同を厳しく戒めており，これが彼らのモデルを理解する重要なカギとなるが，ピラミッドは正しくそれを表現している．

そしてこれらの資源を調和ある形で統制する目的は，「利用者に意義ある情報をタイミングよく伝え，その情報から得た知識で利用者が企業の目的と責任を遂行できるようなシステムを提供することである」[5] と彼らは指摘する．父ミルトがMBA社創業のはじめより繰り返し説いた「最高のコンピュータは人間である．人間を動かすソフトウェアは知性 (the mind) である」という命題はそれを凝縮した表現である．ブライス父子の主張をまとめると図1.3のように表わすことができる．

ブライス父子の思考法は，「情報資源が標準化され，管理が行き届いていれば，ある限られた利用者または特定の業務だけではなく，企業全体で共有し，再利用することができる．資源が管理されていれば，それを加工して新しい情報の作成に利用できる．製品を生産するときのような，このよ

---

5) 父の Milt Bryce は著名な製造業を何社か渡り歩く中を一貫してソフトウェア生産技術の体系化に注力し，やがて MBA (M. Bryce & Associates) 社を創業して自身の確立したシステム開発方法論 PRIDE (PRofitable Information by DEsign) を販売するに至った [6,7].

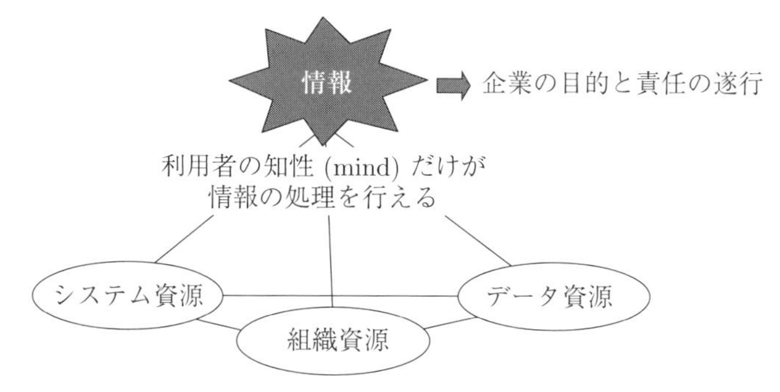

図 1.3　ブライス父子による情報資源管理ピラミッド

うな部品管理的な志向は，製造業で言う原材料資源計画[6)](MRP) の考え方に酷似している」[8] と述べているように，多分に工学的だが，資源を使いやすい状態で整備することで情報活用の効率化を目指すという視点は情報資源管理の核心を突いている．

また，情報（データの処理や分析から得られる理解や洞察）をデータ（記号）と峻別し，「利用者の知性だけが情報の処理を行える」[7)] という視点から利用者の業務マインドの重要性を強調している点も特徴的である．

1.2.3　情報資源管理の成長シナリオとデータ資源管理

情報資源管理は，情報システムと利用者の両方の持続的成長を期待する．情報資源管理の成長シナリオについては，ノラン (Nolan, R. L.) [11] による情報システム発展の 6 段階説（① 始動期，② 伝播期，③ 管理統制期，④ システム統合期，⑤ データ管理体制期，⑥ 円熟期）を下敷きとするモ

---

6) MRP には ① 狭義の概念（既出：material requirements planning）と ② 広義の概念 (manufacturing resource planning) があることが知られている [9] が，③ 原著者は materials resource planning の略語として用いている．それもあってか訳書は ③ に対し ①② の定訳「資材所要量計画」と異なる訳語を当てているが，原著者の意図は広義と同じと考えてよい．なお [8] と同じ訳語「原材料資源計画」を当てた論文 [10] もある．

7) PRIDE はウォーターフォール型の象徴のように見られることもあるが，商品名（前出）が語る通り知性への信頼に基づく有益な情報構造のデザインを重視したアプローチである．

デルが多い．この中でノランは，③ 管理統制期から ④ システム統合期への移行が成功するためには「データ資源の組織的管理」の概念が確立しなければならないとしている．

前出のプライス父子 [12] は，① 誕生，② 幼年期，③ 成長期，④ 成熟期，の4段階モデルを提示し，コンピュータの分散管理が進む ③ の段階では，統合化不足が問題になると指摘する．

もうひとり，情報資源管理を「情報資源を供給し，情報管理システムのサービスを用意し，またエンドユーザ・コンピューティング：EUC (end user computing) に対し情報ツール，教育訓練および指導助言を提供する組織的機能」と定義するタルゴウスキー (Targowski, A.) [13] は，① 適用業務／サブシステムの初期管理期，② システム／適用業務の拡大管理期，③ システム統合の初期管理期，④ 全社レベルのシステム管理期，の4段階モデルを提示し，③ の段階では共有データベース，LAN 構築，全社データ・センターなどの検討を含むシステム統合戦略の立案が必要になると指摘する．

このように情報資源管理は，かなり広範な課題を対象とするが，実践する場合はデータ資源の整備から着手することが多い．ノランが注目したように，情報システムを統合しようとすれば，業務単位で個別に構築されてきたデータベースをどうしても統合せざるを得なくなる．データ統合を行わないまま業務ごとの情報システムを結合すると，データどうしの不整合によって業務処理にトラブルが発生するようになるためである．

コッド (Codd, E. F.) が理論化した関係データベースの正規化技術 [14] は，データ資源の整備にも有効な視点を提供したため，情報資源管理の実践は，この技術を利用したデータ資源の抽出と整理から体系化へと展開するデータ中心アプローチ：DOA (data oriented approach)[8] によるものが多い．

---

[8] 日本固有の用語だが，すでに国内で定着しているため，ここではこれを踏襲して使用する．

わが国においても先進企業ではすでに，数万種類の自社データ資源を分析整理し，データベース構造図で表現し管理するとともにデータ項目辞書ツールに定義登録しているが，このように登録したデータは，システム構築工程でデータ資源を中心に据えたソフトウェア開発に使用され，またシステム運用工程でエンドユーザ向けのデータファイル作成に活用されている．さらにシステム保守工程では，トラブル解析やメンテナンス影響度分析などに活用されている．

これらの努力は，情報資源管理の成長シナリオでいえば，システム統合以降のステージを睨んだデータ・アーキテクチャの整備作業と見ることができる．しかしデータ資源の整備だけでは，情報資源管理が完遂できないことはすでに述べた通りである．情報を経営に有効に活用するためには，事業組織のあり方から利用者の情報リテラシーのあり方までの多様な検討を含む総合的な資源管理活動が不可欠だからである．

1.3　情報資源管理と情報システムの信頼性，安全性，効率性

情報資源は活用によって実用価値が引き出せると見なせる経営資源の1つである．情報資源が意図通り管理されれば，情報システムの信頼性と効率性の実現が約束される．それと逆に，情報資源管理が脅かされれば情報システムの安全性の危機となる．この節では，はじめに業務の信頼性，安全性，効率性にかかわる議論を行い，次にサイバー・ネットワーク時代の安全性にかかわる話題を取り上げる．

1.3.1　情報資源管理とシステム監査

ディーボルド (Diebold, J.) [15] は，企業が将来にわたって競争力を維持するためには，経営幹部は以下の枠組みを情報管理の新しい概念の中に盛

り込まなければならないと指摘した.

- 情報システムに関する体系的な計画行為と監視行為
- コストに関する具体的なコントロール
- 潜在的な問題に対する警報行為
- 単一の書類作成制度

これらの管理目標を達成するには，シノットやブライス父子が指摘したすべての情報資源の調和的な管理運営が必要となるが，具体的にはそれぞれの管理目標に対し，つぎのような統制活動を仕組むことになる.

- 情報システムの信頼性，安全性，効率性に関する具体的な管理目標の設定
- 管理目標を実現するための業務統制機構の確立
- 業務統制機構の運用状況と管理目標の達成状況に関するシステム監査（情報システムの統制状況を調査し，問題があれば改善勧告を行う）の実施

ここでは，信頼性や効率性に関する潜在的な問題への取り組み方を，図 1.1 の在庫確認の例で考えてみよう．処理速度やデータ転記の正確さを考えれば，③ のコンピュータ端末から在庫ファイルを確認する方法が通常選ばれよう．だが仕入担当者が端末に表示された在庫データだけを見て正しく業務を行えるためには，在庫ファイルそのものの内容が信頼できなければならない.

問題は，在庫ファイルはいつ誰によってどのように更新されるか，である．もし在庫ファイルに信頼が置けなくなると，仕入担当者は倉庫担当者に対し「念のために現品を確認させる」ようになるであろう（② に戻る).この問題は，倉庫担当が誠実に業務を行っていても起こりうる．それはデータ更新のタイミング設計に潜む問題である.

- 倉庫担当者は，定時になると，溜まった入出庫伝票のデータを入力する．
- 倉庫担当者は，入出庫のつど，手空きのときに入出庫伝票のデータを入力する．
- 倉庫担当者は，入出庫と同時に，商品の入出庫データをバーコード・スキャン入力する．

これらの処理は入力されるデータは同じだが，入力タイミングが異なる．定時入力の場合，在庫データと在庫事実との食い違いが大きくなるので，よく売れる商品は，発注が間に合わず品切れを引き起こす恐れがある．

また想定外の現場運用がもたらすデータ過誤への不安もある．

- 催事用や試供品用に一時的に持ち出すときは（後で戻すから）在庫更新しない．
- 先入れ先出しを怠ったため，ライフの切れた商品が棚の奥に死蔵されている．
- 売れ残りの商品セットが元の商品に組み戻されず放置されている．

これらの処理は，本来はデータに反映されているべき事実関係が，そのように行われていないため，無駄な発注や思わぬ品切れを招く可能性がある．

このようにデータは常に事実とのギャップの危険に晒されているので，情報を有効に業務に役立てるためには，仕入担当者は倉庫業務の実態に通じている必要がある．

これは，シノットが指摘する事業基盤やブライス父子が指摘する利用者の業務マインドの問題でもある．だが，上のようなリスク・パターンが予め予見されていれば，問題の発生を何らかの形でデータとして検出し，仕入担当者に報知する工夫も可能だろう．在庫情報についてシステム監査する場合は，このようなことを踏まえた上で，

- 在庫情報はどの程度の信頼性，安全性，効率性を目標として設定して

いるか.

- 在庫情報の管理目標を実現するためにどのような業務統制機構があるか.
- 上の業務統制機構の運用に問題はないか. また管理目標は達成できているか.

といった観点から調査し，問題があれば改善勧告を行うことが求められる．システム監査は，情報システムの信頼性，安全性，効率性のすべての管理問題を監査の対象とする [16] ので，情報資源管理の視野に入るものはすべてシステム監査が可能でなければならない．事業基盤や利用者の業務マインドにかかわる問題は，システム部門の努力だけでは解決できない組織運営上の困難さを伴うことがあるが，システム監査には第三者的な立場からこうした問題にメスを入れる啓発的機能が期待されている．

1.3.2　サイバー・ネットワーク時代の情報資源管理

従来の情報資源管理は「情報の有効活用」に力点をおいていたが，通信ネットワークが発達し，インターネットを利用したサイバー・ネットワーキング（オープン・ネットワークに参加する形で不特定多数の企業や個人が多様に展開する電子的コミュニケーション）が活発になると，ネットワークの安全性が新たな社会問題となってきた．

かつての情報システムの利用は，データ端末も利用者 ID もホスト・コンピュータがすべて集中管理していた．そのためコンピュータ犯罪は内部犯行がほとんどであり，これらの脅威に対しては，データベースや端末の不正アクセスへのコントロールや，入力伝票へのチェック強化でかなり防御できていた．クライアント・サーバ時代に入っても，ネットワークを構成する資源はすべて管理されていた．しかしインターネット時代を迎えると状況は一変した．

サイバー・ネットワーキングで安全性を保証するために管理すべき情報

資源は，それまでとかなり性格が異なる．ここではインターネットにおける脅威の背景となる特徴について少し触れるが，問題は奥深く複雑であり，本章の守備範囲を遥かに超えるので，詳しい議論は他の書に譲る．

- インターネットは不特定多数の者が利用する．
- インターネットの利用者は，利用のための訓練を受けていない者が大多数を占める．
- メッセージは複数のサイトを経由するため，発信地点の特定はしばしば困難である．
- インターネットを流通するメッセージが，どのサイトを通過したかを特定することはしばしば困難である．
- インターネットに参加するサイトがどのような倫理観の持ち主であるかはわからないし，サイトが利用者に対しどのようなアクションをしているかもわからない．
- インターネットに接続する機器にはセキュリティホールのリスクが常に存在する．
- インターネットの権限登録やインターネット利用の電子商取引などに関する十分な規約が確立していない．

こうしたことを背景に以下のような社会問題が発生している．

- インターネットで使用したクレジットカードの番号が何者かにより盗用された．
- 不当に誹謗中傷する内容が，何者かによってSNSで報知された．
- 購入した商品が届かないので購入先に問い合せようとしたら，すでに代金を持ち逃げされていた．
- 画面の操作方法がわからないため，あれこれ触ったら，購入したつもりがなかったのに商品が届き，返品処理をめぐり販売側とトラブルになった．

- 知らないうちにコンピュータ・ウイルスに感染してしまった.
- 何者かによる遠隔操作で使用端末が制御不能になった.

これらの問題の多くに共通しているのは，攻撃に対して無力の市民や企業などが犠牲を強いられていることである.

サイバー・ネットワーキングはこれからの市民生活の重要な一部になる．ここで**管理すべき第 1 の情報資源は利用者の安全そのもの**である．このことを覚えておこう．そのための具体策としては，

- メッセージの暗号化
- 本人確認の信頼性を確保するための規約作り
- 取引確定の信頼性を確保するための規約作り
- ウイルス対策手法の普及活動
- インターネットの権限管理に関する国際規約の早期確立
- サイバー・ネットワーク時代に十分対応できる法律の整備

などが少なくとも必要であり，行政と民間の双方での早急な対策が求められているが，後手後手の印象もぬぐえないのが現実である.

第2章

企業情報システムの構想力と情報資源管理

2.1 情報資源管理の思想の可能性

これまで情報システムの構築の世界では，数年に一度のサイクルで新しい概念が流行してきた．それは 1960 年代に一世を風靡した MIS (management information system)[1] 以来の好ましくない伝統となっている．流行っては忘れ去られた概念の中に，情報資源管理と呼ばれる現在も適用可能な重要な管理思想があった．本章では，情報資源管理の歴史を踏まえつつ，この思想が企業情報システムの構想力向上に貢献する可能性について考察する．

2.2 MIS から情報資源管理へ

情報システムの業界で，かつて「情報資源管理」という概念が注目を集めたことがある．漢字を 6 個結合したこの仰々しい概念は，IRM (information resource management) の訳語である．わが国の経営情報論の教科書の多く

---

1) MIS の定訳は「経営情報システム」であり，現在も使われている．一方，センセーショナルな「仇花（あだばな）」に終わった当時の "the MIS" を知る我が国の最長老たちは，これを揶揄する言葉として今も「エム・アイ・エス」と呼んでおられることは記憶に留めておきたい．

は，ディーボルド (Diebold, J.) が 1979 年の論文 [1] で啓示した予言「1980 年代に躍進する企業は情報を主要な資源として認識し，他の資産と同じように効率的に構造管理する会社である」を第一の淵源として取り上げる．当時，彼は MIS の世界的なオピニオンリーダーとして知られていた．

第 2 次大戦の敗戦からようやく立ち直った日本が次世代の基幹産業の方向を探るべく，1967 年 10 月に米国に MIS 使節団を送り込んだときの訪問先の中には，スタンフォード研究所，バンクオブアメリカ，ランドコーポレーション，メリルリンチ，アメリカンエアラインなどのビッグネームのほかに，彼の創業したディーボルドグループ社も含まれていた [2]．訪問当時 41 歳の彼はミスター・オートメーションと呼ばれるスーパースターだった．ここでは狂奔した MIS ブームが日米で手ひどい失敗に終わり，導入責任者たちが「二度と MIS のことは口にすまい」とまで思ったくだりについて触れる紙数はないが，1 つだけ気になる点をあげておく．そもそも使節団が訪問した翌年 6 月の JIPDEC[2] による渡米調査で，ディーボルドは「機能別にシステムの完成はあり得るだろうが，トータル・インフォメーション・システムは，永遠に不可能」であり「結局，機能別のシステムを着実に開発し，その部門の機能を明確にし，能率化し，1 つひとつを重ねていくことしかできない」[3] という見解を示していた．しかし，彼がこのような重要な所見をわずか 8 か月前の MIS 使節団に伝えた形跡はない．この点である．使節団の報告書 [2] では，ディーボルドは次のように述べたとしている．

「全般的にアメリカの経営者や管理者は，MIS が将来，急速に企業の中に導入され，活用されていくであろうというようなことを，皆，予想している．また，彼らは，こうした MIS を高度な経営管理に使っていきたいという欲求にかられている．」（傍点筆者）

---

[2] 1967 年に設立された JIPDEC (Japan Information Processing DEvelopment Center)：（財）日本情報処理開発センター〔英語名も日本語名も，ともに設立当時の団体名〕は設立翌年の目玉企画としてこの調査事業を行ったことになる．

この席上で使節団のひとり（三和銀行の上枝頭取）は次のように質問した．

「MIS というものについて，方々で聞いてきたけれども，これをつぎのように理解していいか．つまり，データを迅速，的確に集めてプロフィットをあげるように利用するのが MIS であると．」

ディーボルドは以下のように答えた．

「それでだいたい宜しいけれども，唯一つ付け加えるならば，単なるデータでなくして，重要なデータを集めるということにするならば，貴方の定義はそれで十分正しい．」

このやり取りからは，ディーボルドが慎重に言葉を選んでいる様子が伺える．おそらくディーボルドは，使節団が訪れたころ狂奔する MIS の危うい末路をすでに警戒し始めたところだったのだろう．ひょっとしたら，ディーボルドは使節団にそれとなく暗示したのに，期待に胸膨らませていた使節団はそれを聞き漏らしたのかもしれない．

いずれにせよ MIS は大失敗に終わった．だが，導入に力を注いだ人々は，情報システムを使ってなんとしても経営の統合を図り革新的な経営成果を導きたいという夢まで捨てたわけではなかった．

訪米 MIS 使節団から 10 年ほどたった 1979 年，ノラン (Nolan, R. L.) は情報システム発展の 6 段階説 [4] を提唱した．経営の統合を目指して情報システムの利用について統制や調整ばかりしていると，これに満たされない利用者は統制に協力しなくなる（第 3 段階：管理統制期）．この問題を解決するためには，経営者主導でシステム部門と利用部門が協力して新たな統合システムを構築しなければならないが，そのためにはデータ資源を有効に管理活用できる情報技術を確立し運用する難事業を成し遂げなければならない（第 4 段階：システム統合期）．ノランはこのように予告した．ノランの予告は，当時すでに統合化で苦しんでいた企業にとって十分納得のいくものだった．技術者は実現の可能性が開けた道には突進する本能がある．ノランの説は，何 (what) をすれば新しいステージに上がれるかを明確に伝えていたため，情報システム担当者にとって新しい光となった．さて問題は，どのように (how) すればデータ資源を有効に管理できるか，である．ここでタイミング良く登場したのが，情報資源管理の思想である．

2.3 行政文書サービスにおける情報資源管理——文書業務削減法

情報資源管理の概念を誰が最初に提唱したかは定かでないが，この概念が 1970 年代の後半から急速に米国で使われ始めたことは確かである．ひょっとしたら文書業務削減法 (The Paperwork Reduction Act)[3] という法律の制定 [5–7] に絡んで連邦政府が公的にこの概念を使ったことが普及のきっかけとなったのかもしれない．しばらくこちらの展開を振りかえってみよう．

連邦文書業務委員会 (Commission on Federal Paperwork) は，政府に関する情報の収集と文書要求に伴う業務負担に対する有権者からの不満について，2 年間の審議を終えた 1977 年に，文書業務の改善に関する報告を行ったが，この中に情報資源管理に関するもの [8] が含まれていたのである．この報告は当時の連邦文書業務を痛烈に批判した．そのうちのいくつかの所見をかいつまんでみよう．

① 情報資源の有効で効率的な管理のための教義の骨格 (body of doctrine)[4] が欠けているため，情報収集等の運用統制や組織構造が冗漫となっており，政府の情報業務に支障がある．

② 情報は，もはや自由に手に入る財物 (free good) ではないので，政府は財務資源や資材資源，事物資源，人的資源と同じようにデータや情報を金のかかる資産と見なければならない．また政府は使いもしない情報を多く集めすぎる一方で，役に立たない使い方をしている．

③ 政府のあまりに多くの文書業務が，帳票，報告，記録などの物的文

---

[3] この法律の訳語には「書類作成軽減法」という対案がある．文献 [6] を参照のこと．

[4] 当時の関係者が情報資源管理に強い指導原理を期待していたことを示唆する言葉である．

書 (physical documents) の統制に集中している．むしろ文書データの中身のほうに注意を転換させるべきである．

これらは政府のみならず，どの企業や組織にも一般に当てはまる問題である．これらの問題を解決するための立法的方策として 1980 年に成立した文書業務削減法では，以下のサブシステム仕様まで含むかなり具体的な規定を設けていた．

① 情報資源ディレクトリ (directory of information resources)
② データ項目辞書 (data element dictionary)
③ 情報照会サービス (information referral service)

ディレクトリのイメージは台帳や電話帳 (telephone directory) に近く，対象となる情報資源のありかを後の検索のために記したものである．データ項目辞書は，要素として識別されたデータ項目の意味を定義管理する．これには個々のデータ項目の識別属性のメタデータ定義 [5] を必要とするから，データ項目辞書を実現するためには相当高度の技術が必要となる．これらのサブシステムは，まだほとんどの日本のシステム部門でも知られていなかった先端的なものである．かろうじてシステム構築の補助ツールとしてデータディクショナリ／ディレクトリシステム [6] という言葉が最先端の技術者の会合で聞かれるようになったのが 1975 年以降 [9] であって，ディレクトリという概念に「情報資源」という言葉を冠する発想などまだ及びもつかない時期である．

ディーボルドの予言は，文書業務削減法の制定に関する 1977 年の報告の 2

[5] 個々のデータ属性の意味や記述ルールを定義することにより具体的なデータ定義作業を統制する機能．

[6] ちなみに，リポジトリ (repository) という言葉がデータディクショナリ／ディレクトリシステム：DD/DS (data dictionary/directory system) に取って代わったのは 1980 年代の後半であると筆者は記憶している．なお国際標準化機構の主導で情報資源辞書システム：IRDS (information resource dictionary system) という呼び方も現れたが同義と考えて良い．

年後に啓示されたが，1985年に米国環境保護庁 (Environmental Protection Agency) がまとめた情報資源管理の書誌目録 [10] によれば，これと相前後して非常に多くの情報資源管理についての論考や提言が発表されている．これらの中で，目録は「1980年の文書業務削減法が情報資源管理の原理を確立した」(傍点筆者）と断言している．ディーボルドについては「情報資源管理の最初の提案者の一人である」と評価 [11] しているが，理論構築に貢献したのはホートン (Horton, F. W.) であると目録は見ている．1975年に文書業務削減法の制定にかかわる調査チームを任されたホートン [12] は，1978年にヒューストンのライス大学で開催された American Society for Information Science の MIS 部会で発表した論文 [13] において，情報システムのある特殊類型，すなわち経営組織における情報資源を管理するシステムについて論及した．ここで彼は情報資源管理について新たな意味づけを行った．彼は情報資源管理システムを「① 組織にあるデータや書類，文書の情報のすべて，および，② 資源の内外で発生する入力データの流れ，③ 情報資源管理システムが生み出す事物やサービス，またその ④ 利用者（各種レベルの管理者，技術者，その他のプロフェッショナルやアナリスト)，そして最後に ⑤ 事物やサービスの使用，から構成されると定義」[14] したのである．

文書業務削減法が制定された翌年にホートンは，ようやくこの法律が日の目をみた，と積極的に評価する論文を発表 [15] した．システム仕様書とも見なし得る規定を含むこの法律の内容は，ホートンの提唱する情報資源管理の考えを十分に満足させるものだったのだろう．

文書業務削減法の制定に伴い，政府の文書業務の管理機能は大きく変革し，現在も発展し続けている．その経緯については詳しい報告 [16, 17] がすでにあるのでそちらに譲る．米国全体を眺め観ると，連邦政府には，文書業務を側面から支えるスタッフ機関として情報資源管理局 (Bureau of Information Resource Management [18]) がある．またこれを範とするように全米すべての州政府やニューヨークなどの大都市に情報資源管理を司る部局がある．それぞれの情報資源管理の担当者どうしを横串につなぐボランティアの情報連絡組織 Association for Federal Information Resource Management [19] もある．さらには全米各州の行政情報を検索するための統一ポータルサイト State Information Locator [20] もある．これらの機関は，いずれも長きにわたり着実な発展を遂げている．

行政文書サービスの情報資源管理が，なぜこれほどまでに幸福な発展を見ることができたかについて，筆者は 2 つの理由を考えている．

① 文書業務削減法は，名前が示唆する通り，文書の収集，保管，検索，出納，複写などの効率化を主眼とするものだったため，文書のありかを定義登録するロケーターを中心とする管理技術にシステム構築のエネルギーを集中させればよかった．現在の電子文書サービスはこの基盤の上に立っている．

② 法律に基づく行政執行のため，トップダウンのプロジェクト推進に恵まれた．

2.4 企業情報システムにおける情報資源管理——茨の道

文書業務削減法とほぼ同じ時期に情報資源管理の概念をさずかった企業情報システムは，行政文書サービスとはまったく別の困難な道を歩むこととなった．その果実を手にした企業は極めて限られていた．問題は，同じ情報という言葉を使っていても，行政文書サービスと異なり，企業情報システムでは情報が文書の取り出しでなくデータの処理，加工，提供を経て初めてもたらされるという特質にあった．

1980 年代中盤になると MIS の傷も癒え，情報資源管理の概念は，情報システムの関係者にとって再挑戦の導き手となっていた．情報システムの構築技術もツールも整備された今，情報システム統合の夢再び，の想いである．ただし目の前には突破しなければならない壁があった．情報システムを統合させるためには，データ資源の統合管理に挑まなければならないことは先にも述べた通りノランが予告していた．ところがシノット (Synnott, W. R.) が喝破したように，データ資源を統合管理するためには，データで記述されるべき事業そのもののアーキテクチャが統合されていなければならない [21]．シノットはディーボルドの予言の翌年に早くも情報資源管理の適用に関する重要な管理課題を列挙 [22] した人物として知られていたが，やがて The First National Bank of Boston の情報担当副頭取として自社システムをノランの6段階の最先頭（第6段階：成熟ステージ）に導いた [7] 実行の人だった．自説を証明した彼の言葉は箴言となった．

これへの呼び水として一躍脚光を浴びたのが，システム設計面ではウォーターフォール型のソフトウェア工学的アプローチ [8] であり，データベース概念設計面では1976年にチェン (Chen, P. P.) が発表した ER (entity-relationship) モデル [24,25]――や，わが国においてはチェンと同時期に椿正明と穂鷹良介が発表した TH (Tsubaki-Hotaka) モデル――による業務分析の手法だった [26]．これらの手法は発表から数年を経る中で実用効果が確認され，データ分析を生業とするコンサルティングファームも現れていた．先進導入企業に促されるようにして構築力量のある企業が次々と適用を開始した．ノランやディーボルドの名は構築予算獲得のための預言者 (prophet) の名前として使われた．

当時の情報システムの担当者は，ビジネスの急拡大に伴う膨大なシステム構築要求に対し，どのような事業アーキテクチャを踏まえたシステム構築で適切に応えていくか悩んでいた．不安はあってもどうすればよいのかわからなかった．事業アーキテクチャの統合は，データ統合という形で証明しなければならない．ER モデルや TH モデルを使った分析は事業構造を照らす力を持っていたので，彼らはこれに事業アーキテクチャを洞察する

[7] 松平和也 [23] は「ついに見つけた第6段階を爆(ママ)進中のボストン銀行」と讃えた．
[8] 本書では，相互に関連する手法群を一体のものとして管理する手法システムをアプローチと呼ぶ．詳しくは第5章で論じる．

助けを期待した．実際，これを使って事業アーキテクチャに合致したデータベースを統合し，データベースを介して基幹システムをそれなりに統合した企業が現れた．1980 年代中盤から 1990 年代前半が，わが国における情報資源管理の最も華やかな時代である．その頃の，「IRM 研究会」[9] という同じ名を冠した実務者交流会が幾つも同時に開かれていた熱気を振り返ると，情報資源管理の理念は意欲に満ちた技術者たちにとって希望の女神のような存在であった．

やがて別の角度から情報資源管理にとって深刻な事態が訪れた．LAN やインターネットを介したオープンシステム・ネットワークが導入され，ERP (enterprise resource planning) と呼ばれる大規模ソフトウェアパッケージに業務情報システムを委ねた頃から，情報資源管理への情熱が急速に醒め始めたのである．

ERP は，多少のカスタマイズは可能であるとしても抜本的に手を入れることが許されないブラックボックスである．ERP に仕事の仕方を合わせれば業務は容易に統合する．内発的 (intrinsic) な構築指向の情報資源管理よりも，外発的 (extrinsic) な据付指向の ERP のほうがわかりやすいこともある．しかしそのことによって大切なものが失われたのだ．ERP の導入によって，その領域について何かを抜本的に企画する機会が失われたのである．考えても仕方がないし，考えなくてもよくなった．このような事態を「教育された無能力」「訓練された無気力」[10] などと呼ぶ．そのうち経済の変動に伴い企業どうしの合従連衡が始まると，いよいよ自社の情報資源の全貌をつかめる人がいなくなった．情報資源管理は彼らの手から離れた．もはや自社の力による情報システムのトータルな解決は望めず，社外のシステムインテグレータやコンサルタントを頼みとするようになった．いま

[9] 研究交流の成果を書籍刊行する IRM 研究会まで現れた [27].

[10] {trained, educated, learned} + {inability, incapacity, incompetence, helplessness, disruption} など様々な呼び方がある．この問題は，社会学者 (Veblen, T. や Merton, R.)，教育学者 (Dewey, J.)，行動心理学者 (Skinner, B. F.) らにより連綿と注目されてきた現象である．

や情報資源管理は，知る人ぞ知る概念から死語同然の概念となった．こうして情報資源管理の関係文書はシステム部門のロッカーの奥に眠ることとなった．

2.5 構想力を高める言葉としての情報資源管理への期待

なぜ企業情報システムにおける情報資源管理への挑戦は，行政文書サービスと異なる無残な道を歩むことになったのか？　ここで我々は，企業情報システムで実現されるべきものは，文書の取り出しでなくデータの処理加工によって提供される媒体であり，それを元に利用者は具体的な経営成果を手にしなければならない，という事実に目を向けなければならない．

種々ある情報資源管理の定義の中には，ホートンのように単なる出力媒体の生成を超えて利用者が実際に利用することまで対象範囲に含むものがある．また情報資源管理の概念が注目され始めた当時，すでに「情報資源管理と MIS が似たものであるとしても，情報資源管理は良い MIS よりもいっそう良いものでなければならない」[28] という発言があったことから，情報資源管理を実施すれば確実に利益などの経営成果を得られるという期待があったのは事実である．

だが出力媒体が経営成果を生み出すわけではない．出力媒体を使う主体が，ビジネス相手と，活用能力と，導入資源と，実施タイミングに恵まれたビジネスを遂行できて初めて経営成果を手にすることができる．行政文書サービスでは利用者が求める文書が正しく迅速に提供できれば問題なかった．これに対し，企業情報システムでは利用者が手にした媒体内容を使って経営成果を獲得できなければ役立たずの情報システムと見なされがちになる．ここに盲点がある．

本来，成果を生み出す責任は当の利用者にある．経営成果を引き出すためにどのような情報が必要であるかを利用者自身が自覚しなければ，望みうる経営成果は永遠に手に入らない．利用者こそが最重要の情報資源であり，利用者が価値ある経営成果を効果的に生み出せるよう準備を整えることが急務の情報資源管理だったのである．これはホートンの定義を一歩進めた捉え方であり，前章で解説したブライス (Bryce) 父子 [29] の説く命題「最高のコンピュータは人間である．人間を動かすソフトウェアは知性 (the mind) である」とも符合する．この理解が十分に共有されないまま，ソフトウェアパッケージの時代を迎えて自らの手による情報システムの構築の機会を失ってしまったことが，情報資源管理の忘失を招いたといえる．いつまでも微笑まない女神は忘れられてしまったのである．

しかしこのことをもって情報資源管理を賞味期限切れの思想と断ずるのは早計である．社会の激変の荒波を受けて，企業はますます合従連携を繰り返し，情報システムの構築は翻弄され続けている．企業がたくましく生き残るためには，変貌する社会に迅速に適応できる情報システムの構想力を持たなければならない．1980 年代中盤から斯界の注目を集めるようになった情報資源管理を推進した人々にはそのような気概と構想力があり，システム部門の主導で利用部門を情報システムの構築に巻きこむ活力があった[11)]．

今，マッシュアップ手法やクラウド・サービスを活用した情報システムの構築が注目されているが，システム部門はこれらを上手に手なずける構想力を取り戻さなければならない．どのような手法であれ外部サービスであれ，利用者が情報システムから得た情報を活用して経営成果を導く主体である事実は永遠に変わらない．企業情報システムの構想を実現するための資源（システム手法，システムツール，媒体，利用者，ネットワーク，セキュリティ要件，取引様態など）の動員と運用のありかたが変わるにすぎない．情報資源管理はこれらを統合的に捉える枠組みとして有効である．情報資源管理が教育された無能力によって死語となったとすれば，新たな構

11) 当時，ある先進企業の情報システム部の管理職の方は，次のように発言しておられた．「日本では情報システム部は社内の発言力が小さいが，やがて情報システム部から CIO (chief information officer) を輩出できる日が来なければならない．情報資源管理は重要だ．」

想力によって息を吹きかけ復権させればよい．

言葉は力を持つ．ときには感情を喚起する (emotive) [30] ものであり，ときには発話そのものが遂行的な (performative) [31] ものであり，ときには具体的に指図を与える (prescriptive) ものである．これらの能力を孕む (conceptual) 強い言葉——これをコンセプトと呼ぶ——こそが，現在を否定ないし超克して新しい未来を構想させる力を持つ．力ある言葉による励ましこそが，企業情報システムの構築において難局を突破する助けとなる．

そのような力ある言葉は情報システムの世界では多くないが，情報資源管理はまさしくそのような言葉である．そして今度こそ，

① 情報を活用して経営成果を引き出す主体は利用者自身であり，
② 利用者こそ最重要の情報資源であり，
③ 利用者自らが高い意識で経営成果獲得に邁進して初めて利用者に提供される情報は力を発揮できる，

という情報資源管理のコンセプトの共有を，施主の責任で企業の特命事項 (corporative imperatives) とすることが期待される．以後，システム構築の依頼主を「施主」と呼ぶ．施主は明確な依頼を擁すべき責任主体である[12]．情報基盤企業 (information based corporation) [34] となることの重要性を訴えていたヴィンセント (Vincent, D. R.) は，専門誌 [35] で，そのためにCIOないし上級情報システム執行役員が最初に行うべきことは，企業の特命事項がそもそも何であるかを確認することであり，次に行うべきことは，然るべき情報基盤の姿としてそれが実装されるまで見届けることである，と強調した．そのための環境を整備するのは施主の務めである．

---

[12] 施主とは誰か，については児玉公信 [32] の論考が参考になる．ここで児玉は施主を「要求の源泉であり，意思決定者であり，受益者である」と性格づけた．彼が施主の要求を，設計者により変換された記述形式である“要求”なるものと区別して「原要求」と呼び直したのは卓見である．また児玉は後の雑賀との共著 [33] で施主を「情報システムサイクルの所有者」とした．

情報資源管理を新たに推進するには，企業内で旗振り役を務める人間[13]が必要であろう．情報資源管理が叫ばれ，IRM 研究会のような思想普及の互助活動が広まったとき，企業内には必ずこのような人間がいた．情報資源管理は自然科学的な仮説ではなく啓示された思想であるから，この教導は布教活動に似たものとなる．宗教哲学者の間瀬啓允 [37] は信仰の論理を以下のように性格づける．「行き着く先を知っていながら，これを方法論的にエポケー[14]して道筋をたどっていくのである．このような論点先取の方法論的エポケーは，信仰の論理に一般的な性格のものである．なぜなら信仰のためにはたらく論理は，結論を反証してこれを否認する[15]ためのものではなく，先取した結論を論証してこれを確認する，あるいは認証するためのものだからである．」その上で，間瀬は「信仰とは望んでいる事がらを確信し，まだ見ていない事がらを確認することである」と述べ，最後に「先取された結論に対するコミットメントが絶対的なものとしてはたらいているので，先取された結論が確認され，認証されうるものとなるのである」と結んでいる．

情報資源管理の思想を普及推進させる旗振り役には，信仰者にも似たコミットメントが求められているのである．情報資源管理の概念を用いて企業情報システムの構想力を高める活動について予告するならば，女神は，達成目標を「先取された結論」として共有し，その実現に向けて施主公認の下，組織を挙げてコミットメントする者にのみ，その微笑を約束するに違

---

[13] 後章では，この役割を教育／システム開発方法論管理者：E/MM (education/methodology manager) に求めている．ディーボルド [36] は「技術的な関心もなく，かつ新しいシステムの利点に対し懐疑的な人達に対して，アプローチの方法および教育の方法を開発することはチャレンジとなる．情報資源のマネジメントとは，組織内のコンピュータ知識の水準をあげつつ，人的資源の質をたえず向上させていくということを意味しているものなのである」と主張した．

[14] 現象学の用語で「判断停止」と訳す．立ち現れた思考の対象について，あえて詮索しないことにしつつ，次に思考を進める精神的態度をいう．

[15] 明らかに『科学的発見の論理』[38](Logik der Forschung: The Logic of Scientific Discovery) で著名な科学哲学者ポパー (Popper, K.) の「反証可能性」(falsifiability) の概念と対立させている．

いない.

第3章

システム構築プロジェクトの構造的統制 —要件統制と自己組織統制—

3.1 システム構築の統制への契機

ディーボルド (Diebold, J.) が 1979 年に「1980 年代に躍進する企業は情報を主要な資源として認識し（…中略…）構造管理する会社である」と予言し，「情報」を企業経営に必要な資源として従来の経営資源につけ加えてから 40 年が過ぎた．世はすでに情報社会のまっただ中にある．企業は，経営情報化すなわち情報の有効活用による経営の武装を企てることなく，生き抜くことは難しい時代となったのである．いまや企業は，経営を情報化するための最も有効な手段として，コンピュータや通信回線を駆使した「経営情報システム」の構築に，様々な経営資源を投入し続けている．

バブルの崩壊後は，情報システム投資についても厳しい制約が課される経験をした．しかしその一方で，勝ち抜くための最も有効なアプローチを見つけた企業は，思い切った抜本的な情報システム投資を行っている．情報システム投資の企業間格差は広がる一方である．

ここで，情報システム投資のコスト感覚について，バブル後大きな転換があったことを思い起こす必要がある．それまでの多くの企業に共通した情報システム投資の傾向を見ると，そこにはライバル企業間の横並び意識や「バスに乗り遅れるな」といった世間並み意識に「コンピュータのことは専門家に任せるしかない」という技術的依存が加わって形成された聖域観があった．そのため，情報システム投資は，厳格な採算管理の洗礼を受けることなく，大規模投資が繰り返されてきたといってよい．また，納期中心のシステム構築は途中工程の品質管理に積極的に目を向けさせない風土を作り出してもいた．このことは，情報システムの構築をどのように経営的に扱い評価していくかについてのノウハウ蓄積をみずから失わしめるものであった．

しかし，バブルが崩壊してからは，情報システムの構築といえども，厳しい品質管理と経営価値分析が求められるようになった．情報システムの構築はもはや聖域ではない．経営者と情報システム企画関係者は，情報システムの構築を適切に統制していくためのアプローチとは何かについて今更ながら苦悩しているといってよい．

その意味でも，〈システム構築の統制の理論〉の確立は，上で述べたすべての関係者に対して情報システムの構築を適切に統制するためのガイドラインを演繹的に提供するものとして重要な意義がある．

本章では，システム構築の統制の理論を作るための概念装置作りを試みる．

3.2　システム構築プロジェクトとはどのようなものか

情報システムの構築は複数の専門家の協力による複数の工程を経るプロジェクトとなっている．本節では概念の整理とプロジェクトの性格把握を行う．

3.2.1　「開発」概念の整理

分析に入る前に，混同されやすい「開発」という概念をあらかじめ整理しておく．

「システム開発」という言葉は一般にも普及した馴染みやすい概念であ

るが，この言葉は対象範囲がユニークに定義されないまま適用されている．さしあたり，以下の3つの場合が考えられる．

① システムの企画から，設計，製作，テスト，移行まで幅広い範囲を指すもの[1)]
② システムの設計，製作，テスト，移行までの範囲を指すもの[2)]
③ システムの製作，テスト，移行までの範囲を指すもの[3)]

はじめに周辺概念との異同から確認する．製作＋テストのことをソフトウェア開発と呼ぶ場合がある．しかしこの概念と「システム開発」とを混同することはあまりない．「システム開発ライフサイクル[4)]」は，運用に入ってからのメンテナンス工程までを視野におさめているが，ライフサイクル統制に重きをおいた概念であるため①〜③のいずれの「システム開発」とも使用上の混乱は発生しない．また「システム開発方法論」という場合は，①もしくは，システム開発ライフサイクル全般に関与する概念であるが，これまたすでに誤解のない形で一般に普及しており，適用の混乱は発生しない．

次に①〜③の概念を整理する．3概念とも広く使われており，決め手を欠くがここでは，システム開発を③の意味で使用することにする．そして，①をシステム構築，②をシステム設計・開発，と呼ぶことにする．以上の結果，システム構築の工程は，以下のような構造を持つものとして整理できる[5)]．

- システム構築　　　＝システム企画＋システム設計・開発

---

1) 「新規開発」「再開発」など，プロジェクトと同じ意味で一般に実務界で用いられる用語．「新規構築」「再構築」と同義．
2) 通産省（当時）の『システム監査基準』での使い方が典型．
3) 多くのシステム開発方法論における使い方がこれである．
4) SDLC (system development life cycle) の定訳であり，本書でもそのまま使うこととする．
5) 「システム開発方法論」は定着した手法名のため，本書でもそのまま使うこととする．

- システム設計・開発 ＝システム設計＋システム開発
- システム開発 ＝ソフトウェア開発＋移行
- ソフトウェア開発 ＝製作＋テスト

3.2.2 プロジェクトの性格

情報システムの構築は，通常プロジェクトチームを組織して実施する．情報システムの構築は，情報処理に関する様々な専門技術の組織的な動員が求められるからである．

しかし，そのように組織されたプロジェクトチームを，システム構築の諸工程の中で常に適切に運営できてきたかといえば必ずしもそうではない．また，そこで発生する問題は，プロジェクトごとの個性が大きくかなり多様である．その理由は，プロジェクトが，動員対象資源，制約条件，場合によっては実施目的すらはじめから曖昧な状況の中で遂行運営されることもある性格のものだからである．むしろ「プロジェクトは未知の問題を含むビジネス課題に対し，有限の知識と技術を持つ要員が組織の力によって問題の解決に当たろうとする計画と実践の営みである」[1] とさえいえる．実施目的，完成成果，動員対象資源，制約条件，それらはプロジェクトの中で探索的に定義され，登坂的な遂行の足場とされるものである．

3.3 システム構築の要件統制

この節では情報システムの構築で有効な機能が期待される要件統制とは何かを考察する．前章で述べた通り，利用者こそが最重要の情報資源であり，利用者の成長を促し利用者が価値ある経営成果を効果的に生み出せるよう準備を整えることが急務の情報資源管理だった．情報システムを情報資源管理の実現手段として構築するのであれば，シノットやブライスの提言を実直に反映した情報システムを目指すべきは当然である．彼らのモデルを過去の遺物と見なせるほど我々は進んでいない．彼らの言説は今も生きている．情報資源管理に銀の弾(たま)はない．

そのための第一義として施主がやるべきことは，自身が利用者を介して情報資源管理によって実現したいことの解明である．システム構築プロジェクトがキックオフするとき，施主は何もかも承知の上でプロジェクトをスタートしているわけではない．そこでプロジェクトが最初に行うのは施主のための実行可能性調査：FS (feasibility study) である．この活動で施主——あるいは施主の代理人である利用部門管理者——は情報資源管理で実現すべき目標を設定し宣言するとともに，実現手段である情報システムの構築に必要な資源の調達と動員を公式に確約しなければならない．またプロジェクト要員は，自分達の招集理由が施主の定めた目標を実現するためであることを理解し，プロジェクトの目的と意義，日程，優先順位，適用技術，標準，決め事などの細部まで承知しなければならない．その上でプロジェクト関係者は目標実現に向け緊密に協力して仕事に従事しなければならない．これらが充足できて初めてプロジェクトは困難への挑戦が許される．もし充足できないと判断されるとき，施主は自身が実現しうる情報資源管理が何であるかを原点から考え直さなければならない．このような活動を動的に管理する機構がこれから述べる要件統制である．

3.3.1　プロジェクトの運営に必要な 4 要件

プロジェクトは課題解決的な組織運営の 1 つとして理解することができるので，このような観点からプロジェクトの運営に必要な要件を整理してみよう．

パーソンズ (Parsons, T.) ら [2] は，ベールズ (Bales, R. F.) [3] の課題解決集団の研究成果を受けて，次のような目的遂行組織における活動維持のための 4 要件を抽出した．

A　(adaptation) 適応のための機能要件

G (goal attainment) 目標達成のための機能要件
I (integration) 統合のための機能要件
L (latency) 潜在性の保持のための機能要件

このAGILモデル[6]から，プロジェクトの組織運営が正常に機能する実施条件を演繹して得たシステム構築プロジェクトの機能要件をここでは〈要件統制：RqC (requisite controls)〉と呼ぶことする．それは次のような要件となる．

RqC-A：プロジェクトで必要な諸資源の調達・動員の保証
RqC-G：プロジェクト目標の設定と宣言
RqC-I ：プロジェクトの組織結合度の強化
RqC-L：プロジェクト運営に対する明確なコンセプトの供給

本書ではこれらをRqC-AGILと総称することにする．

3.3.2 システム開発方法論の要件

RqC-Lの要件については少し詳しい説明が必要である．

プロジェクトの運営は，上で述べたようなプロジェクト特有の性格を前提とする独自の管理技術が必要となる．それはプロジェクトの個々の実施局面で適用される様々な技術を一段高いレベルで統括し調整するメタ管理技術 [4]，すなわちシステム開発方法論：SDM (system development methodology) と呼ばれるアプローチであるが，システム開発方法論は筆者の整理 [1,4] によれば一般に次のような要件[7]を満足するものでなければならない．

---

[6] AGILモデルについては，社会学の分野で膨大な議論の蓄積がある．なおAGILモデルの嚆矢となった文献 [2] はパーソンズ，ベールズ，シルズ (Shils, E) の共著だが，その後の理論的経緯からAGILはパーソンズのモデルであるという理解が社会学の常識となっている．
[7] それぞれの英語表記は本書で与えた．

SDM-C (common) プロジェクト関係者の間にプロジェクトを適切に語るための共通言語を提供すること．

SDM-S (solution) 情報システムの構築手法を，ビジネス問題を解くための手段として十分組織すること．

SDM-P (path) プロジェクトの各作業を相互に整然と因果連関させること[8)]．

SDM-R (role) プロジェクト関係者相互の役割と責任を明確に体系づけること．

本書ではこれらを SDM-CSPR と総称することにする．SDM-CSPR は要件 RqC-L の種々あるサブ要件の一部を構成する．要件 RqC-L が適切に機能するためには，SDM-CSPR のいずれも適切に整っていなければならない[9)]．それが整って初めてプロジェクトは，利用部門側にもわかる明確な進行基準の下で厳格な進行管理が行えるようになる．その意味で SDM-CSPR はプロジェクトが正常に運営できるための条件整備がどの程度進んでいるかを客観的に判断するための監査観点としても機能する．

3.3.3 要件統制の具体的担い手

RqC-AGIL の 4 つの機能要件は，いずれもプロジェクトの組織運営にとって必要不可欠のものであり，1 つでも要件が満たされなければプロジェクトは様々な問題を引き起こすことになる．

RqC-A の要件不足の代表的なものは，具体的には，プロジェクトの遂行に必要なスキルや工数が確保されない，資金不足，作業環境が整わない，などである．この機能の要件不足は，プロジェクトにとって致命的な問題に結びつくことが多い．

---

8) 著名なシステム開発方法論の全般を眺めると，手順や成果物イメージこそ異なるが，作業組立の原理がいずれもきちんと整備されていた．

9) SDM-CSPR を満たさないシステム構築プロジェクトがどのような症状をきたすかについては筆者の例示解説 [1] が詳しい．

RqC-Gの要件不足の代表的なものは，目的の未整理，棚上げ，方向違い，などである．何らかの有効なレビュ手段を講じない限りなかなか顕在化しない性質の問題である．プロジェクトの手戻りや生産性の低下を招く遠因である．

RqC-Iの要件不足の代表的なものは，プロジェクト内のコミュニケーションの低下や対立，標準なき（もしくは標準無視の）設計文書，などである．

RqC-Lの要件不足の代表的なものは，作業の意味づけを欠いた冗長な作業やレビュアのリテラシーを無視した報告文書の作成などである．

ここで，それぞれの機能要件を主管すべき組織担当が与えられるとすれば，

RqC-A：SM (system manager) システム部門管理者
RqC-G：UM (user manager) 利用部門管理者
RqC-I ：PM (project manager) プロジェクト管理者[10)]
RqC-L：EM (education manager) 教育管理者，および，
MM (methodology manager) システム開発方法論管理者[11)]

となることは明らかであろう．

要件統制は，具体的にはプロジェクトが正常に機能するための状況対応的な統制行為であり，必ずしも管理者の常設を求めるものではないが，通常の組織編成では専任もしくは兼任の形で主管となる責任者を設け，それぞれの職責を明確化する．

---

10) PMO (project management office) の役割について少し長いが注記する．PMBOK®ガイドの各版 [5] が「PMOの責任はプロジェクトマネジメントの支援を提供するところから実際のプロジェクトを直接マネジメントする責任を持つところまで幅がある」と規定するように，PMOは役割の束であり，内容を見るとRqC-AGILのすべての要件統制に関与する存在である．精緻な概念でないため，この責任の幅に起因した現場の混乱も報告されている [6]．筆者はPMOの設置意義を否定しないが，PMOの定義が「PMの支援」と「PMそのもの」を混在させる〈カテゴリ間違い [7]〉を改めない限り，今後も役割期待の相互誤解による混乱を回避できないと考える．そのため本書ではPMOの概念は扱わない．

11) EM (education manager) 教育管理者と，MM (methodology manager) システム開発方法論管理者を，本書では以後，E/MM (education/methodology manager) 教育／システム開発方法論管理者と総称する場合がある．

任命された管理者に求められるのは，状況対応的な要件統制の実現である．そもそも RqC-AGIL の各要件はそれぞれの管理者の専管事項ではなく，プロジェクト関係者全員による自由かつ自発的なかかわりが期待されている点に注意する．各管理者は権限行使が必要なときに役割を発揮すべき存在となる．

なお RqC-L の場合，当該プロジェクトチームの内面にコンセプトの充実が認められれば機能要件が満たされるので，業務をプロジェクトチームの自主管理に任せてよくなり，その結果，教育／システム開発方法論管理者は他のプロジェクトチームの支援に負担を傾けやすくなる．

企業のシステム構築プロジェクトに一般的に理想とされるプロジェクト組織編成の形態的特徴を観察すると，それらの具体的呼び方や役割体系化の方法は組織編成モデルの提供者によって様々であるが，そこで観察される組織要件の考え方は RqC-AGIL の機能要件と質的には同じであるといえる．以下はその傍証である．

世界発の商用システム開発方法論パッケージとして知られる PRIDE[12] は，システム部門管理者，利用部門管理者，プロジェクト管理者などの役割体系化を明確にするとともに，全体を調整する方法論コーディネータ[13] の使命を主張した [8].

システム監査の世界で指導的役割を果たす EDPAA[14]（現 ISACA[15]）は，最初に重視すべき統制項目 (control objectives) としてシステム開発方法論を挙げた上で，個別統制では，各部門の長の参画を強く主張 [9] した．

また金子則彦らは『情報システム規定集』という試み [10] の中で，プロジェクトの組織編成におけるシステム部門管理者，プロジェクト管理者，利用部門管理者の関与の責任と，システム構築手順の「意思統一」の必要性

---

[12] 第 1 章の注 5) を参照のこと．

[13] 本書では，システム開発方法論管理者と呼ぶ．

[14] ISACA の前身である EDPAA は EDP Auditors Association の略称．

[15] ISACA は，1990 年代までは Information Systems Audit and Control Association の略称であったが，2000 年代に入り ISACA 自体を正式の団体名としてブランド化した．

を訴えた．

3.4 要件統制の限界と現場統制の必要性

以上，情報システムの構築プロジェクトの組織運営に必要な機能要件と機能要件の満足に重要な役割を果たす組織管理機能を観察してきた．しかし，これらの要件統制が整備されたとしてもプロジェクトが理想通り円滑に運営されるとは限らない．たとえば，RqC-L の重要な要素となる「システム開発方法論」の整備状況について見てみよう．プロジェクト関係者間の共通言語が整備され，ビジネス問題の解決手法が構築手法として仕組まれ，作業手順が標準的に因果づけられ，作業者の責任関係が明確に定義されても，プロジェクトが適切に運営されるとは限らない．これらの条件が整っていてもプロジェクトが空回りすることがあるのである．

それは機能要件だけから組織運営を統制することの固有の限界による [11]．RqC-AGIL モデルは，プロジェクトが正常に管理運営できないときの原因を条件整備面から分析するには適しているが，プロジェクトが正常に機能する保証は与えない．保証を得るためにはプロジェクトを具体的な実施局面で現実に有効に統制できる機能を見つけなければならない．このような統制をここでは〈現場統制：field control〉と呼ぶことにする[16]．それに満たされたプロジェクトは，要件統制と現場統制の両輪を持つことになる．

3.5 設計成果物によるシステム構築の自己組織統制

ここでは現場統制の有力な形態の1つとして，特定の設計成果物が持つ記述規定力により現場統制を確立する方法を議論する．

「品質は設計で作り込め」という言葉がある．プロジェクトを成功に導

---

16) 要件統制と現場統制はそれぞれ，システム監査における全般統制と業務処理統制のサブタイプとして理解することもできる．

くためには，システム設計工程で十分な品質を成果物に作り込んでおき，システム構築工程を品質保証された設計成果物によって統制すればよい，とする考え方である．システム構築の世界では，主に2つの分野でそのような成果物の管理技術が整えられてきた．1つは，データモデリングと呼ばれるデータの構築分野の分析・設計である．もう1つは，構造化分析と呼ばれるプロセスの構築分野の分析・設計である．

これらの分野の技術整備状況を見ると，成果物自身が自らの品質を望ましい方向へと誘導する規制力を備えていることに気づく．これはちょうど，走行する車輪が自己の運動法則によって自分自身の車軸を直進する向きにコントロールする動きに似ている．このような能力を確保した現場統制を〈自己組織統制：SoC (self-organization controls)〉と呼ぶことにする．筆者の所見では，上の2つにシステム化の経営価値の分析・評価（後述）を加えた3つの自己組織統制が可能である．

SoC-D (data) データの分析・設計の自己組織統制
SoC-P (process) プロセスの分析・設計の自己組織統制
SoC-V (value) システム化の経営価値の分析・評価の自己組織統制

本書ではこれらをSoC-DPVと総称することにする．以下，SoC-DPVの自己組織統制について，それぞれ議論する，

3.5.1 SoC-D：データの分析・設計の自己組織統制

データは，事実事象を記号で表したものであり，データの記述は事実以外の記述を許容しない．このことはデータ管理の世界で一般に「One fact in one placeの要請」と呼ばれている[17]．データの分析・設計は，この要請によって，自己組織統制が可能な技術水準にある．この要請を無視して

---

17) 物理データの場合は，一般に「One fact in one place」でないので，この要請は適用できないが，システム企画工程としては，概念データで十分である．

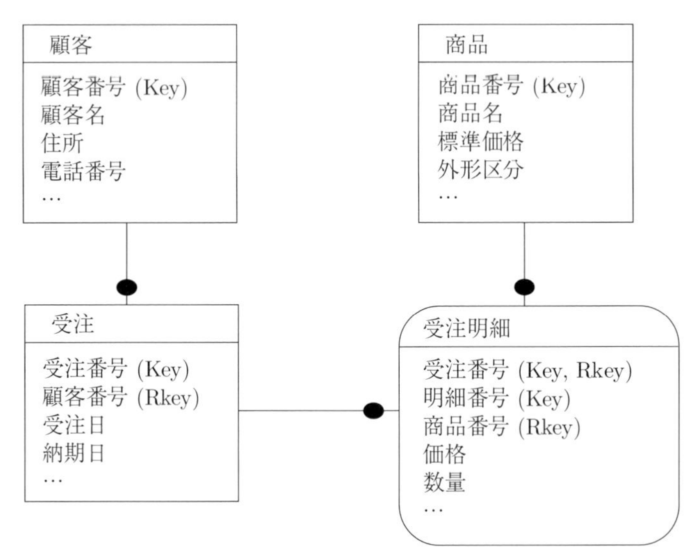

図 3.1　概念データベース構造図の例 [18)]

分析・設計すると，直ちにその逸脱が他の者に暴露され，修正を余儀なくされる．複数の者が同じ対象を分析・設計したのに互いの結果が異なる場合は，誰かひとりが正しいか，全員が間違っているかいずれかである．このように One fact in one place の要請は，強い自己組織統制機能を備えている．この技術の作図法としては ER 図 (entity-relationship diagram), TH 概念データベース構造図など [12] が普及している（図 3.1 参照）．

プロジェクト管理者は，データの分析・設計者が One fact in one place の要請に従っているかどうかを確認することで，プロジェクトが円滑に運営されているかどうかが判断できる．データの分析・設計者はこのような統制の下で，唯一のデータ構造の決定へと誘導される．

3.5.2 SoC-P：プロセスの分析・設計の自己組織統制

プロセスは，情報を授受する手続きを介して仕事を具体的に組織化したものである．情報の発信者，受信者，受発信の条件，情報の内容，そして情報授受で駆動する主体の経営行動，これらはユニークなプロセス関係としてプロセスフローで定義されなければならない．このことを「情報授受関係の要請」と呼ぶ[19]ことにする．ここでは情報の授受に関する厳密な表現の自己組織統制が働いており，誤った記述があれば直ちに露見する仕組みとなっている．この技術の作図法としては業務機能関連図（図 3.2）や

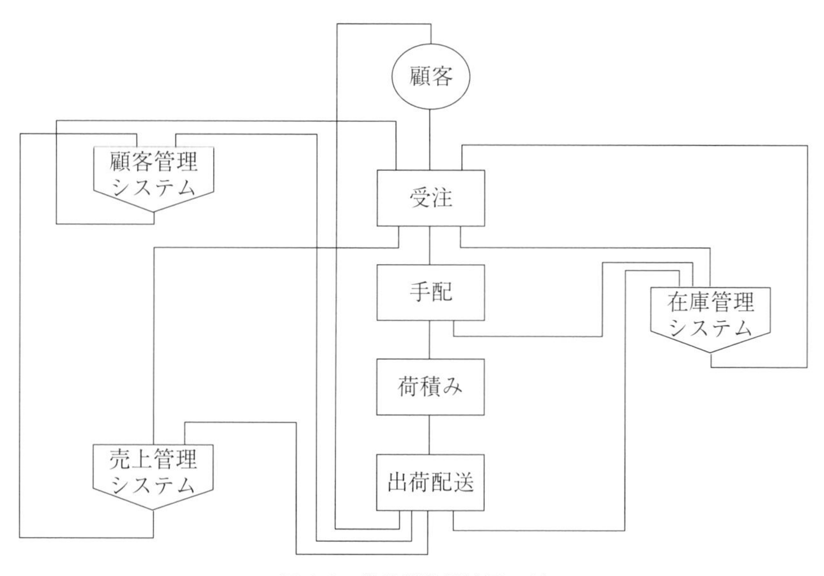

図 3.2 業務機能関連図の例

[18] 米国空軍の主導で確立した IDEF1X (Integration DEFinition for information modeling) モデルと TH モデルを参考に筆者の図法案で作成した．

[19] 物理プロセスの場合も，「情報授受関係の要請」が適用できない場合があるが，やはりシステム企画工程としては，論理プロセスで十分である．

DFD (data flow diagram) [13] など[20] が普及している．プロセスの分析・設計者はこの自己組織統制の機能を土台として唯一のプロセス構造の決定へと誘導される．

3.5.3 限定的仕様領域の存在

自己組織統制の機能を持つ成果物の場合，成果物そのものがセンサーとして矛盾や不整合を検知して伝える働きをするが，分担作業する現場に起因する注意すべき問題が1つある．システム化の対象となる特定のビジネス領域で，仮に矛盾のない満足すべきデータ構造やプロセス構造が仕様化 (specification) されたとする．そこでは設計仕様は安定しており，変更は望ましくないものとして理解されているが，隣接する他領域との影響関係は考慮外の状態に置かれている．このような性質を持った仕様の論議領界 (universe of discourse) を，ここではシュッツ (Schutz, A.) の卓見[21] に倣って限定的仕様領域 (finite provinces of specification) と呼ぶことにする．

ある限定的仕様領域で得られたデータやプロセスの構造が，別の限定的仕様領域でも受け入れられる保証はどこにもない．複数の限定的仕様領域を包含する広い領域で矛盾のないデータやプロセスの構造を確立するには，仕様統合への管理努力が必要となる．このような仕様統合は CIM(computer integrated manufacturing) や生販統合システムなどの大がかりな情報システムは無論のこと，小規模の情報システムでも発生することが多いから，シ

---

20) プロセスフローの表現機能を数学的なシステム・モデルによって厳密に明らかにした佐藤亮 [14] によれば，DFD は「業務の並行処理を可能とするようなデータとプロセスの相互関係に注目して業務システムをモデル化したもの」である．このことは，DFD と業務機能関連図が図法の機能として本質的に等価であることを意味する．

21) 現象学的社会学の創始者であるシュッツ [15] は，多元的現実を構成する個々の現実世界を「限定的意味領域 (finite provinces of meaning)」と呼んだ．隣接する他の現実世界の存在をひとまず考慮外とする自然的態度もエポケー（判断停止）の1つであると彼は喝破した．シュッツのエポケー概念を本書で議論する余裕はないが，詳しくはブランケンブルク (Blankenburg, W.) [16] を参照のこと．

ステム構築プロジェクトにとって宿命的な課題であるといえる.

限定的仕様領域の間の調整は，しばしば困難を伴う．互いの仕様が摺り合わせ可能であれば調整は可能だが，そうでない場合，調整が不調に終わることもある．この状態を放置したままシステム設計を終え，システム開発に踏み切ると，その後のシステム開発ライフサイクルのいずれかの工程で必ず大きな問題が発生する.

限定的仕様領域の間の矛盾を検知する手段もまた,「One fact in one place の要請」や,「情報授受関係の要請」である．相互に矛盾が存在する場合は，成果物そのものがセンサーとして矛盾や不整合の警告を鳴らす．実現すべき結果は1つであり，これを表わす図も1つである.

このような分析・設計技法が生まれる前の時代においては，システム技術者自身がセンサーとしての役割を担わなければならなかった．しかし，いまや成果物そのものにセンサーの役割を期待できる自己組織統制技術が少なくともデータの設計とプロセスの設計に存在する．現場統制は，システム技術者による属人的主観的な統制でなく，成果物自身の客観的な自己組織統制力に重点を置く時代が来たのである.

3.5.4　SoC-V：システム化の経営価値の分析・評価の自己組織統制

この節では，3つ目の自己組織統制として，システム化の経営価値の分析・評価の自己組織統制について詳しく議論する．プロジェクト関係者はシステム化の経営価値の分析・評価を適切に進める技術と表現方法について悩んでいたが，優れた意思決定支援手法の登場により状況は変わりつつある.

(1)　統制の指向の違い

情報システムは経営価値を実現するための手段である．システム化の経営価値の分析・評価を欠いた情報システムの構築は無意味である．よって,システム化の経営価値の分析・評価は，データやプロセスの分析・設計に優先するタスクとなる．しかし，システム化の経営価値の分析・評価を，データやプロセスの分析・設計と同じ水準において自己組織統制する技術はこれまで確立されてきただろうか．

システム化の目的，具体的効果および制約条件を列挙し，何らかの突き合わせによる評価過程を経てシステム化案の格付けを行おうとする手法は多い．問題は，それらの成果物がセンサーとして矛盾や不整合を摘発し，是正する機能，つまり自己組織統制を内在しているかどうかである．そのような機能に優れた手法は稀である．このことは，データやプロセスの分析・設計においてプロフェッショナルである同じメンバーが，システム化の経営価値の分析・評価では場当たり的な評価資料の作成で済ませてしまうというケースが多い現実からも理解できる [17]．また，そのような手続きを監査するための標準的な観点を提供するシステム監査基準は，情報システムの効率性や有効性についての監査項目をその中に含めているが，実際にシステム監査人がどのようにそれを客観的に評価するかについては安定した枠組みを常に持っているわけではない [18]．

システム化の経営価値の分析・評価には固有の統制の指向がある．データやプロセスの分析・設計で明らかにしようとしているものは情報システムの論理的な構造である．これに対し，システム化の経営価値の分析・評価で明らかにすべきものは，システム構築で導こうとする経営価値の構造である．

(2) 利害関係の調整の要請

システム化の経営価値の分析・評価の成果物には，データやプロセスの分析・設計の成果物とは異なる性質の自己組織統制の機能が要求される．この成果物は，たった1つの価値構造の構成を誘導する機能を保有しなければならない．ここでは価値構造の矛盾や不整合の決着が目指されるが，出発点は，利害の対立や評価観点のズレなどの矛盾や不整合の受け入れにある．意思決定の最終局面でも，矛盾や不整合が解消するとは限らず，矛盾や不整合を抱えた中での１つの合意形成として〈ある価値を選択する〉ことが求められる．このような処理を首尾一貫して統制できる技術が必要である．また，価値の対立をめぐる煩雑な処理を回避しようとして，特定の利害関係者を排除するようなプロジェクトは，必ずどこかのシステム開発ライフサイクル時点で問題を引き起こす．したがって適用される手法は対立する価値の処理を可能とするものでなければならない．ここでは「利害関係の調整の要請」が重要な要請となる．

「利害関係の調整の要請」とは，利害関係をプロジェクトの早い段階から積極的に洗い出し，それら相互の規定関係を明確に整理し，最終的には俎上の利害関係に何らかの基準で順序を与える一連の処理手続きの要請である．

(3)　システム化の経営価値の分析・評価の成果物に求められる機能

どのような成果物の技術を用意すれば，システム化の経営価値の分析・評価における自己組織統制を実現できるだろうか．それは以下の機能を備えた成果物である．

① システム化の目的が複数ある場合でも，関係をすべて一意に表現できる．
② システム化の目的をめぐる利害関係者の関係をすべて一意に表現できる．
③ 制約条件や期待成果に関する利害要素の関係を一意に表現できる．
④ 利害調整の結果，選択される候補となる選択肢を一意に表現できる．

目的，利害関係者，利害要素，選択肢の４つは，相対的に独立しながら相互に規定し合う存在である．これらは，① 目的→ ② 利害関係者→ ③ 利害要素→ ④ 選択肢の規定というカスケードの支配構造を持つと考えられ，このような対象を有効に分析するアプローチは階層構造によって全体をモデル化する方法が一般的である [19]．つまり価値構造の決定に関する階層システムを構成するアプローチである．

また1〜4の階層のそれぞれには，内部階層が存在する可能性があり，これについても一意の表現が可能でなければならない．

利害関係を構成する重要な要素はすべてこの階層構造に表現しなければならない．利害関係者の一部を議論から排除したり，特定の利害要素だけを議論の対象に取り上げようと操作すれば，ただちに発覚する明確な構造を持つ図法が求められる．

このような自己組織統制を持つ成果物を導入すれば，システム分析・設計の担当者は，情報システムの企画工程における利害関係の調整を避けて通れなくなる．そのような成果物の導入によって初めて，それまで必ずしも十分といえなかったプロジェクトへの利用部門の参画度問題に対する，抜本的かつ具体的方策が議論可能となる．

なお，当該プロジェクトでは開発しないが保守では優先着手すべきと認識される対象があり，それが当面の開発対象の仕様方針に影響する場合もある．そこで，この自己組織統制の成果物には保守のスコープまで含めた分析も可能とする機能が求められる．

(4) 自己組織統制の用具としてのAHP

価値分析を階層的に行う技術は種々あるが，上の機能を満たす柔軟な技術はそれほど多くない．現在最も期待できる技術は，階層分析法：AHP (Analytic hierarchy process) [20, 21] であろう [22]．

AHPは，博識の応用数学者として知られたサーティ (Saaty, T.) が考案したもので，数学的に裏づけられた柔軟な構造のゆえに，多くの適用があり，また適用のための方法論も多く提案されている有力なOR的意思決定技法である．AHPは，基本的には，① 目的，② 評価基準，③ 代替案の

[22] AHPは土木計画やエネルギー計画などの分野では普及しているが，情報システムの世界では依然としてそれほど普及していない．

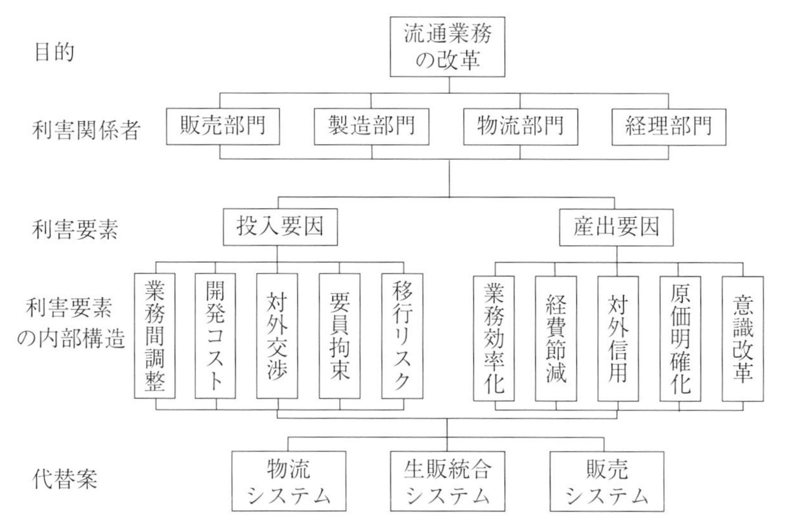

図 3.3 システム化の経営価値の分析・評価を意図した AHP 階層図の例

3 階層の構造を持ち，これを拡張して適用する．階層ごとに所属要素間の（一対比較などによる）重みづけが入力されることになっており，重みづけの結果は，下の階層に継承され，合理的な積算をへて総合評価となって出力される．それぞれの階層は，いくらでも内部に階層構造を持つことが可能であり，しかも数学的には矛盾しない．また，複数の AHP の構造が存在する場合，それらの構造を合成して 1 つの構造を構成することも容易である．その一方で，それぞれの評価における矛盾[23] を定量的に表わす方法も用意しており，利害調整を円滑に行うための有効な情報をここから得ることができる．その上，定量的な要因と定性的な要因を同時に扱えることも強みである．

システム構築における経営価値の分析・評価に必要な成果物は，AHP の構造をカスタマイズすることによって手に入れることができる．図 3.3 はその例示である．実際のプロジェクトの中には，上で述べた 4 階層の中に

[23] 具体的には，推移律の破れなどによって認識される．

いくつもの内部階層を持つプロジェクトも存在するが，AHPは矛盾なくこれに対応することができる．また，AHPには，特定の利害関係者を試みに優先させたら代替案の評価がどう変わるか，といったシミュレーションを感度分析する機能もある．AHPを現場で用いれば利害関係者間のコミュニケーションの促進と，シミュレーション結果の無視などの逸脱的な評価の抑制が期待できる．

この成果物は，特定の利害関係者を不当に有利にする仕込みについては，構造図自身の表現ルールによって容易に検知できる．また，個々の利害関係者のAHP構造図から出発し，徐々に互いの版を突き合わせるボトムアップ・アプローチの場合，利害関係者どうしの重みづけを行わない限り——つまり利害関係を調整しない限り——代替案の総合評価が確定しない成果物の仕組みとなっている．以上の通り，AHPの成果物表現には利害関係の調整を促す自己組織統制の機能が期待できるのである．

3.6　要件統制—自己組織統制の連携システム

プロジェクトを統制の良いものとするためには，プロジェクトもまた課題解決集団であることから，RqC-A：諸資源の調達・動員，RqC-G：目標の設定・宣言，RqC-I：組織結合強化，RqC-L：コンセプトの供給，の要件統制の整備がはじめに必要である．しかし，これらRqC-AGILの要件統制が整ったとしても，それだけではプロジェクトは統制良く運営できるとはかぎらない．

最も良い方法は，成果物そのものが作成技術・作成ルールによって自己組織統制する機能を持つことである．SoC-DPVの3つの自己組織統制のうち，SoC-D：データの分析・設計の成果物とSoC-P：プロセスの分析・設計の成果物は，論理的矛盾や不整合を摘発し，適切な方向へと誘導する統制機能を持つ．またSoC-V：システム化の経営価値の分析・評価の成果物は，利害の対立や観点のズレを前提に利害関係の調整へと利害関係者を誘導する統制機能を持つ.

ただし，要件統制の整備がなければ自己組織統制も有効に機能しない．要件統制は，プロジェクトがプロジェクトとして機能するための基本要件だからである．自己組織統制は，あくまでも現場統制の一形態でしかなく，要件統制を補助する役割の存在である.

プロジェクトが有効かつ円滑に進むためには，要件統制と自己組織統制を一体のものとして連携機能させる統制連携システムの確立が必要である．これを〈要件統制―自己組織統制システム〉と呼ぶことにする.

そのような統制連携システムを実現するには，統制連携システムを，1)

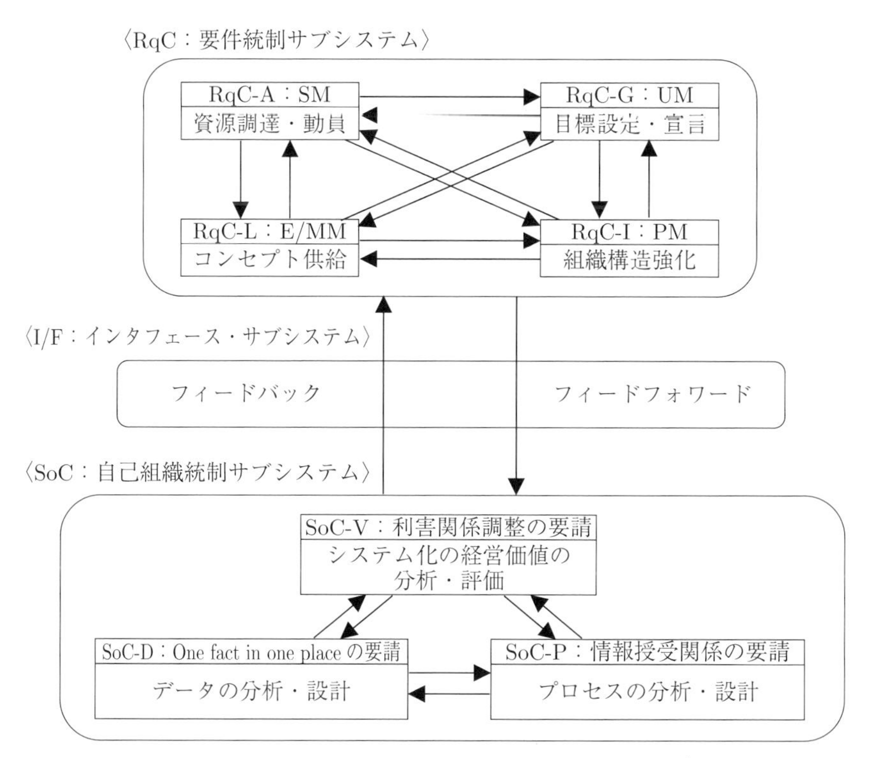

図 3.4　要件統制―自己組織統制システムの全体構成[24)]

RqC：要件統制，2) SoC：自己組織統制，3) I/F：要件統制・自己組織統制インタフェースの3個のサブシステムに分解し，サブシステム間の規定関係とコミュニケーション関係を分析・整理する作業が必要となる．その全体構成を図3.4に示す．

要件統制と自己組織統制についてはすでに詳しく検討したので，以下では両者を連携するI/F：要件統制・自己組織統制インタフェースのサブシステムについて検討する．

3.6.1　I/F：要件統制・自己組織統制インタフェース・サブシステムの運用と統制

ここでは，要件統制サブシステムと自己組織統制サブシステムを媒介する，要件統制・自己組織統制インタフェース・サブシステム（以下「インタフェース・サブシステム」）について検討する．

プロジェクトは，現場の運営状況を適時監視し適切な制御の下で進めなければならない．インタフェース・サブシステムは，要件統制サブシステムと自己組織統制サブシステムを媒介するための2つの機能を持つ．

① フィードフォワード機能：プロジェクト現場に対する計画や指示の伝達

② フィードバック機能：プロジェクトの現場情報の収集・報告

インタフェース・サブシステムの統制が十分でない場合，作業現場の状況が正しくプロジェクト管理者に伝達されず，また，プロジェクトの決定事項が正しく現場に伝達されないことになる．

---

24) 各要件統制の主体間の交渉関係は第4章で詳述する．

3.6.2 フィードフォワード機能の運用と統制

インタフェース・サブシステムにおけるフィードフォワード機能は，プロジェクトをどのようなアプローチで実施するかについての指針，適用手法，日程，様式，品質管理，報告方法等を，現場の作業者に対し，マニュアルや作業要領の形で文書として与え，また，口頭説明その他の方法によって情報を補足するものである．

現場の作業は，必然的に作業者の自己統制に負うことになるので，日々のフィードフォワードは結果の予見による情報伝達となりがちになる．

自己組織統制が順調に機能している場合，現場で発生した問題への対応は，プロジェクトを進めながらの問題解決能力を期待して，やはり予見による情報伝達となりやすい．

自己組織統制が十分機能していない場合，プロジェクトを進めながらの問題解決が次第に苦しくなり，状況探査的な意味あいを含めた作業指示の情報提供が増えてくる．

自己組織統制が崩壊している場合，インタフェース・サブシステムの使用機会は失われるが，このようなプロジェクトは要件統制に問題が山積していることが多く，茨の道のプロジェクトとなる．管理者から現場への伝達情報は，頼れる管理標準がないため，属人対応的で後追い的な指示が増える．

3.6.3 フィードバック機能の運用と統制

インタフェース・サブシステムにおけるフィードバック機能は，自己組織統制の対象となるプロジェクト成果物の統制状況を集約し，プロジェクト管理者に報告する．

プロジェクト・メンバーは技術レベルも経験の質も多様であり，成果物ルールの順守状況はメンバーの力量や考え方にも影響されてかなり異なりうる．品質保証 (quality assurance) の担当者は，成果物の記述から成果物の品質状況を逐一確認し，必要に応じて修正の指示を与えることで，品質を保証し，また品質の平準化を図る．これらの結果のフィードバック報告は，プロジェクト管理者が次の日程で作業前提とすべき生産性と品質の判断材料を提供することになる．

自己組織統制が順調に機能している場合，成果物の記述ルールが遵守されているので，フィードフォワードの意図に沿った成果物かどうかや，提供した標準記法では十分に記述できない対象があるかどうかが品質保証の関心事となる．

自己組織統制が十分機能していない場合，意図通りの成果物が出てこない現象に遭遇する．それ以後その成果物や担当者は要観察の管理対象となる．

自己組織統制が崩壊している場合，成果物の記述ルールがほとんど遵守されず，成果物の品質を保証するものは作業者の作業能力と作業倫理だけになる．成果物の記述状況は自己組織統制サブシステムの崩壊を告げる機能しか持ち得なくなる．

3.7　システム保守工程の統制について

システム構築が完了し，施主への引渡しが終わるとシステム保守（システム拡張を含む）の工程となる．保守を通してシステム品質が向上し，そのことにより利用者の情報活用行動がいや増し，利用者が成長し，施主の願い続けたシステム導入効果に近づくことが情報資源管理の目指すべき到達点である．その管理については，システム構築と同じく要件統制と自己組織統制の統制連携の下で運用されるべきである．それを以下で簡単に述べる．

システム構築の場合は，施主自身が十分明確な要求を持っていないことがほとんどであるため，役割と責任を定義したチームを組織して要求解明し，施主自ら目標を設定し宣言し，資源の調達と動員を確約し，設計から開発へと工程管理することが求められた．これに対しシステム保守は，システム構築で固められたアーキテクチャの上で発生する小規模の修正ないし改善の業務であり，特別チームを編成する機会は少ない．しかし小規模な作業対象であっても本章の 3.5.3 項の限定的仕様領域の問題が原因で想定外の品質劣化を招くこともある．それを回避するには，保守部隊の中で要件統制の機能を担う役割関係を作り，自己組織統制できる成果物を定めて保守活動を維持する方法が望まれる．もし保守対象がこのような簡易的な要件統制では責任が持てない場合は，施主に対し新たなプロジェクトの発令を願い出るべきである．また施主もそのような管理意識の浸透を自ら図るべきであろう．

第4章

システム構築プロジェクトにおける動機づけの方向 —自己防衛的統制と自己革新的統制—

4.1 システム構築統制と内部統制概念

本章ではシステム構築を動機づける内部統制概念の拡張を試みる．システム構築プロジェクトでは冒険，野心，挑戦などと象徴される活動が奨励される場合もある．それを統制枠組みの中で積極的に評価できる理論を作ることが本章の目的である．システム構築に関わる内部統制概念は，歴史的経緯もあり，システム監査との関係で見ると議論しやすい．

内部統制の概念は，広狭種々の概念をもって歴史的に展開してきたが，山田進 [1] が指摘した 1994 年当時も今も，現場レベルでは概念規定について統一的見解があるわけではない．ここでは，実務家が捉える内部統制とシステム監査の概念的関係づけの分析を通して，内部統制およびシステム監査に対するニーズのありかを探ってみよう．

前出の金子ら [2] は「経営管理組織を支えるため，権限と責任を譲り受けた各管理者・担当者が，適切に業務を遂行することを保証し，不正・誤謬を発見，防止する仕組みを確立しておかなければならない．この管理組織が内部統制制度（内部統制組織ともいわれる）である」と定義する．金子らはさらに，「内部統制は，広義の内部統制 (internal control) と狭義の

内部統制 (internal controls) の2概念[1)] がある．広義の内部統制は，そのなかに狭義の内部統制およびこれを補完する内部監査 (internal audit) を含んでいる．システム監査は内部監査のうちコンピュータを中心とする情報処理における統制を中心対象とするものを指す」と内部統制に広狭2概念があることを指摘し，システム監査を狭義の内部監査を補完するものとして位置づけている．金子らの内部統制の定義は，内部統制の防衛的な性格に力点を置いており，それまでの内部統制概念をほぼ継承するものであるといえる．

こうした伝統的な捉え方に対し，より優れた業務活動の実現指向に対応した内部統制を認めようとする概念規定の動きが1980年代後半には早くもシステム監査の重鎮から現れていた．

その先鋭が松尾明ら [3] で，内部統制を「トップマネジメントの意思決定に従って組織内の業務が遂行されることをコントロールしようとするものであり，いわゆる内部の組織固めのためのコントロールである」と捉えていた．彼らは，有用性のコントロールの一部に戦略性のコントロールも含めていたが，システム監査を実施する場合の「評価のための判断基準」としてのコントロール概念を，「人間あるいは組織が何らかの行動を起こす場合，その行動に対する指針（方針・基準）を設定することと，実際の行動がその指針に準拠しているかを確認・フォローすること」と捉えた．松尾らはコントロール概念の対象範囲を広くとることによって，内部統制とシステム監査のより積極的な面に焦点を当てようとしていたと考えられる．

JIPDEC[2)] は，「システム監査は，監査対象から独立した客観的な立場で，コンピュータを中心とする情報処理システムを総合的に点検・評価し，関係者に助言・勧告することをいい，その有効利用の促進と弊害の除去とを

---

1) ここでは control/controls における単数形/複数形の含意の違いに言及する余裕はない．

2) JIPDEC という英語略称は現在も同じだが，当時は Japan Information Processing DEvelopment Corporation：（財）日本情報処理開発協会の略．第2章の注2) を参照のこと．

同時に追求して，システムの健全化をはかるものである」とする 1978 年の自身の定義と，日本公認会計士協会の定義および米国内部監査人協会の EDP 監査の定義を比較し，自身のシステム監査とこれら 2 つの EDP 監査の定義との大きな違いについて，「前者は〈システムの有効利用，有効性〉を内部統制の信頼性，安全性，正確性に関連する〈コンピュータ・セキュリティの確保〉と並列的に目的として認識している点」と説明していた [4]. システム監査を情報システムの有効利用，有効性を高める管理活動と対応づけて捉えていた点に注目したい.

システム監査が，今に至るまで，情報システムの信頼性や安全性に力点をおいて実施されてきた面は否定するに当たらない．それは，システム監査が，いわば内部統制の自己防衛的なニーズに答えるものとして発展してきたためでもあるが，この頃から徐々にシステム監査に対する期待は変化しつつあった．システム監査を受ける側には，現在の自社が実施しているやり方よりもすぐれたアプローチがあれば，指摘し助言してほしいといったようにコンサルテーション的な機能をシステム監査人に求めるケースも当時からあった [5]．ただし伝統的な内部統制の概念の中では，このような自己革新的な動機に積極的に対応する部分はまだ鮮明でなかった [3]．この点に注意したい.

システム監査が，有効性や革新性，さらには戦略性の概念を対象範囲に含めようとするとき，内部統制概念にこれと対応する自己革新的な動機機能が含まれていないとすれば，システム監査は何に根拠を求めればよいか. システム監査には内部統制に根拠を持つ監査とそうでない監査があるとする整理では，かえって「システム監査」の概念を複雑にし，システム監査の理論化を難しくするだけである．発想の転換を試みよう．システム監査

---

[3] 既存の監査枠組みを拡大解釈して済ませることも可能であろう（文献 [6] を参照のこと). しかし，こうした拡大解釈は問題の焦点をぼやけさせ自己革新的な機能を見えにくくするだけである．これも科学哲学者の中岡哲郎 [7] が鋭く指摘した「ものを見えなくさせる構造」の典型であろう.

を内部統制とシンプルに対応させるためには，内部統制概念の中に，より積極的で自己革新的な動機成分を明確に用意する必要がある．これを本章で主張する．

4.2 自己防衛的な内部統制と自己革新的な内部統制

ここでは内部統制概念の拡張を提案する[4)]．内部統制の動機には自己防衛的：SD (self-defensive) と自己革新的：SI (self-innovative) の2つの方向がある，と考える．前者は体系維持への行為パターンが規範的に支配し，後者は体系革新への行為パターンを奨励し許容する．両者は方向と力を持つベクトルのようなもので，互いに緊張関係を保ちながら内部統制システムの中で併存する[5)]．そして内部統制システムは外部環境や内部環境との交渉の中で，ベクトル間の緊張関係を処理しながら動機を変動させていく機能的存在として理解する．

内部統制は，施主の組織運営に対する自己防衛的な動機や自己革新的な動機を満たすための手段の1つとして位置づけられる．この考えに立って

4) 当時のJIPDECが内部統制以外のものとして認識した有効利用，有効性に関する管理活動もここでの内部統制概念に新しく含めてよい．

5) 管理組織に対し構成要員の取りうる態度の特質については教育社会学者の山村賢明 [8] を参照した．ここで山村は社会化と教育の違いを以下の4つの「志向」の観点から特徴づけようとしたのだが，これは内部統制の主体がもつ動機づけの対比にも適用できる．ただし本章では，これらの志向の観点を逐一分析せず，相対立する動機づけの性格把握に止めることとする．

動機の対立軸 ／ 志向の観点 †	（自己防衛的動機）	（自己革新的動機）
体系の志向	体系維持性	体系革新性
類型の志向	平均的類似性	個性的独自性
規範の志向	同調的適応性	主体的創造性
視点の志向	常識的保守性	理念的批判性

† 志向の観点名（体系，類型，規範，視点）は筆者の命名による．

内部統制を整理し直してみよう．

自己防衛的な内部統制の場合は，伝統的なコントロール概念の理解に従い，

SD-I (inhibition) 抑制機能……不正を起こそうとする意図を排除し抑制
SD-P (prevention) 防止機能……不正，誤謬，事故の発生を防止
SD-D (detection) 検出機能……不正，誤謬，事故の発生を早期に検出し報知
SD-R (restoration) 復旧機能……不正，誤謬，事故の状態から復旧処理

という機能[6]が用意される．これらを本書ではSD-IPDRと総称する．SD-IPDRでは，信頼性，安全性，効率性への関心が強い．

これに対し，自己革新的な内部統制の場合は，

SI-E (encouragement) 奨励機能……向上改善と革新への試みを奨励
SI-C (credit) 担保機能……向上改善と革新への失敗に対する担保を事前保証
SI-S (suggestion) 示唆機能……向上改善と革新への手がかりを継続的に提供
SI-B (buildup) 叱咤機能……向上改善と革新への忍耐強い挑戦を促す

という機能が用意される．これらは筆者の創案だが，本書ではSI-ECSBと総称する．SI-ECSBでは，有効性，革新性，戦略性への関心が強い[7]．

SD-IPDRとSI-ECSBのどちらもフィードバック&フィードフォワード的な機構を備えているが，内部統制の推進の方向は明らかに異なる．

これらの機能は，内部統制システムを実現するプロセスフローの個別手続きとして識別される性質のものではない．これらは，構築された情報シ

---

6) 各機能の英語表記は，略語をユニークとするため筆者の勘案を入れた．

7) ただし，内部統制が求める自己革新は，組織が奨励する範囲においての自己革新であり，組織の意図を離れたところでの革新的な行為まで認めてはいない．組織の革新の意図を確認し「確実化」するところに，統制としての自己革新機能の意義がある．

ステムを利用して経営価値の実現を担うことになる利用者に対し動機の内面化を迫る状況定義[8]の体系として備えられる．プロセスフローは，このような状況定義を可能とするように構築することが要請される．

4.3　システム監査における内部統制動機の明確化

このように内部統制概念を理論的に拡張して初めて，ある面において自己防衛的また別の面において自己革新的な施主の動機に対し，システム監査が，システム開発ライフサイクル状況の満足度と改善点を報告し勧告する役割を担えることになる．自己防衛的な動機が強く支配する内部統制組織を対象とするシステム監査は，信頼性，安全性，効率性に力点を置いたものとなり，また自己革新的な動機が強く支配する内部統制組織を対象とするシステム監査は，有効性や革新性，戦略性に力点を置いたものとなる．

内部統制のどの統制領域がどの程度，自己防衛的ないし自己革新的な動機に支配されているかは，経営管理ニーズに依存する問題であり，現実はかなり多様な分布を示す．たとえば「ドラスティックな業務改革を指向した情報システムをデータ中心アプローチで構築しよう」というプロジェクトの場合，システム化の目的設定についてはかなり自己革新的な動機が強いが，データ中心アプローチが社内標準として定着している場合はアプローチの選択においては自己防衛的である．

そのためシステム監査は，バリエーションにあふれた内部統制動機をひとまず受け入れることから出発する必要がある．システム監査は，監査人の内面に確立しがちな理想システムからのズレをもって安易に観察対象の統制状態を評定するのではなく，内部統制しようとする受査主体の目指す

---

[8] 個人が自分の状況を知覚し，その意味を解釈することを社会学者のトマスとズナニエッキ(Thomas, W. I. and Znaniecki, F. W.) は「状況の定義」と呼んだ．状況の定義は，社会的・文化的に共有され，相互作用を通して行為者の定義づけの一部となる．濱島朗ら [9] を参照のこと．

システム開発ライフサイクル管理を「忠実に再構成した」シナリオによってズレを評価し改善勧告するものでなければならない.

そのようなシステム監査の性格から判断すれば，経産省のシステム監査基準やISACAの統制項目 (control objectives) は，システム監査のアプローチを組み立てるための素材として理解することができる．それを組み立てるシナリオのひな形は，内部統制動機の分布関係にこそ求められるものといえる.

また，システム構築支援ツールの飛躍的な発展と，クラウド・サービス等の急速な普及により，システム構築管理のありかたそのものが今見直しの時期を迎えていることにも注目する必要がある．伝統的なウォーターフォール型のシステム開発方法論を唯一の理想とする時代はすでに終わり，現在は互いの手法がパラダイムを競う群雄割拠の時代にある．また，重要な構築手法の地位を確保したデータ中心アプローチも，オブジェクト指向アプローチなどの台頭によりコンセプトの持ち方が多様化しつつある．これらの技術動向との関係において受査側の真の内部統制動機を明確化しようとするとき，システム監査人はこれらの情報技術動向の特質をよく理解しておく必要があろう.

4.4 要件統制サブシステムの機能と運用

前章で述べたように，システム構築プロジェクトにおいて，要件統制サブシステムは，RqC-AGILの4つの機能要件を満たそうと機能する.

RqC-A ： 資源調達・動員機能（SM：システム部門管理者の所轄）
RqC-G ： 目標設定・宣言機能（UM：利用部門管理者の所轄）
RqC-I ： 組織結合強化機能（PM：プロジェクト管理者の所轄）
RqC-L ： コンセプト供給機能（E/MM：教育／システム開発方法論管理者の所轄）

以下，要件統制を担う各管理者の行為責任を分析し，さらに，自己防衛的な内部統制動機に支配される場合と自己革新的な内部統制動機が奨励される場合のそれぞれの状況定義における，管理者に期待される行為パターンの違いを比較する．自己防衛的な動機の場合，管理者は抑制，防止，検出，復旧を基調とする行為パターンの遂行が期待され，自己革新的な動機の場合，管理者は奨励，担保，示唆，叱咤を基調とする行為パターンの遂行が期待される[9)]．

ここでは，典型として考えられる行為パターンを理念型[10)]として整理した．実際にはさらに多様な行為パターンが発生する．

要件統制の各サブシステムは，通常の業務処理サブシステムと異なり，全体を標準的なプロセスフローとして記述することは困難である．実際には，4要件それぞれにおける個別テーマごとの標準プロセスフローが用意され，自己防衛的な内部統制動機，自己革新的な内部統制動機はこの中に内面化される．統制行為は定義された状況の発生ごとに起動がかかる仕組みとなる．

要件統制の各サブシステムの全体的整合性をどのように確保するかは内部統制に実効性をもたらす上で重要な課題である．4要件は図3.4に見るように互いに統制しつつ交渉する関係にあるが，決して均衡状態にあるわけではない．このことは自己防衛的な動機においても自己革新的な動機においても変わるところはない．それでは詳しく検討しよう．

---

9) ここでは，個人の中での動機の違いでなく内部統制システムに内面化された動機の違いが語られている点に注意する．システム監査は，内部統制に内面化された動機を明らかにすることから監査目的を設定する．内部統制そのものが不明確なときは，システム監査を通してどのような内部統制の動機を望ましいと考えるかについての価値解明を促さなければならない．

10) 本書ではこの語をウェーバー (Weber, M.) 的な意味における理念型 (Idealtypus) [10] として用いる．この語には「理想型」の訳語もあるが，本書では「理念型」を使うこととする．理念型の用具機能のシステム論的な意義については佐藤敬三 [11] を参照のこと．

4.4.1 RqC-A：資源調達・動員機能の運用と統制（SM：システム部門管理者の権限と動機）

情報システムは外部環境との交渉を通じて自らの維持に必要な資源を調達し，不要となったものや情報システムの運営を阻害するものを廃棄する．SM：システム部門管理者にはこのような権限を与えるとともに，適時に適切に権限行使できるプロセスを与える必要がある．たとえ権限がなくても，情報システムが好ましくない状態のときにボランティア的なアクションが発生し問題解決が図られることはある．しかし内部統制システムによる構造的な解決プロセスが用意されないかぎり，次の問題発生における解決の制度的な保証はない．このことは他の機能要件についても同じである．

資源調達・動員機能の方法は，2つある．ここではプロジェクトで最も重要となる人的資源を例にあげて説明する．

(1) プロジェクト外部からの調達

これは，さらに3つに分かれる．

(1a) 他プロジェクトからの調達．これは，他プロジェクトのPM：プロジェクト管理者の了解が必要となる．

(1b) 利用部門からの調達．これは，利用者の業務処理能力に影響を与える場合があり，UM：利用部門管理者または場合によっては経営層のお墨付きを必要とする．

(1c) 社外からの調達．これは，調達に伴う費用等との交換を必要とする．

(2) プロジェクト内部からの調達

教育等によって必要とする能力を開発したり，モラール（志気）を高めたりする．このようなコンセプト供給機能を実際に担うのはE/MM：教育／システム開発方法論管理者である．また，SMの役割は，そのような活動の実施を促し，実施に必要な費用や環境を保証することである．

ただし，SMは資源の調達や動員の実施責任を負うが，どのような資源がどのタイミングでどの程度必要かをSMが見積もり，決定しているわけではない．SMは，プロジェクトチームの資源調達・動員依頼に対し資源ストックの割り当て情報を総括的に把握しているにすぎない[11]．

自己防衛的SM

SMは，システム資源が所定通りに運用されるよう努力する．

- PMに対し，所定の資源を使って効果的かつ効率的にプロジェクトを運営するよう促し，資源の流出を食い止める．
- UMに対し，目標設定に対する資源面からの枠を提示する．
- E/MMに対し，教育成果を上げようとするあまり資源が無駄に浪費されることのないよう促す．

自己革新的SM

SMは，経営活動の水準向上に真に必要なシステム資源の調達・動員の方法を研鑽する．

- PMに対し，資源の制約に気持ちを奪われない——目標達成を第一義に考えたプロジェクト運営を促す．
- UMに対し，目標設定に対する資源の投入／産出の方法に様々な考え方があることを示す．
- E/MMに対し，コンセプト供給の成果を高めるためのアイデアを積極的に考えるよう促す．

---

[11] 資源動員の要請と対応リアクションの関係については第5章で詳述する．

4.4.2 RqC-G：目標設定・宣言機能の運用と統制（UM：利用部門管理者の権限と動機）

プロジェクト目標は，プロジェクト資源の動員の方法を統制する．システム化の検討は利用部門の利害関係の調整を必要とすることから，目標設定・宣言の最終責任はUM：利用部門管理者である．しかし，調整の前提となるシステム制約の内容はシステム技術者でなければ分析できないため，多くのシステム開発方法論は，

① 利用部門からのシステム化依頼の理由の提示
② プロジェクトチームによる目標設定の素案作成
③ 利用部門を交えたレビュー会議での承認

というシステム化手順を標準として提供する．目標設定の素案作成はこれを代執行するプロジェクトチームの責任事項となる．

目標設定・宣言は，調達・動員可能な資源の制約の中で通常行われるが，現在の資源の調達・動員の制約そのものを否定する目標設定素案が得られることもある．

自己防衛的 UM

UM は，調達・動員可能な資源の制約の中で目標設定・宣言を行う．

- SM に対し，資源制約を前提とする当然請求可能な必要資源を請求する．
- PM に対し，品質の高い情報システムの実現と納期の遵守を要求する．
- E/MM に対し，目標設定のアプローチに必要な知識等を得るための教育や説明会を要求する．

自己革新的 UM

UM は，従来の調達・動員対象資源の制約を度外視してでも実施すべき

場合があることを考慮に入れながら目標設定・宣言する.

- SMに対し，目標を実現するために資源制約を見直す必要があるときは合理的な根拠をもって説得に当たる.
- PMに対し，システム仕様や構築アプローチを変更すべき大きな経営支援的理由があるときは変更を柔軟に受け入れる余地があることを伝え，自らもその可能性を検討する.
- E/MMに対し，自社の経営目的に合致した，現在に勝る目標設定・宣言のアプローチがないかどうか情報を求め，情報が不足しているときは調査を依頼する.

4.4.3　RqC-I：組織結合強化機能の運用と統制（PM：プロジェクト管理者の権限と動機）

プロジェクトは，多様な背景と技術を持つ人的資源を合理的組織的に運用することが求められる．プロジェクト組織の結合度の強化は，PMが最初に着手すべきプロジェクト組織の土台固めであるが，プロジェクトの終了まで続く継続的課題でもある.

自己防衛的PM

PMは，メンバー各自の職分を忠実に守らせ，チームの一体化に努める.

- SMに対し，プロジェクト組織の結合強化に必要な資源が計画通り調達できるよう請求する.
- UMに対し，レビューへの責任ある参画と，承認内容の利用部門内への周知徹底および仕様追加ゼロを要求し，納期維持に努める.
- E/MMに対し，プロジェクト組織運営の適切なアプローチ方法について必要な知識等を得るための教育や説明会を要求する.

自己革新的 PM

PM は，より結束力が強く行動力に優れたプロジェクト組織とするための方策を検討する．

- SM に対し，プロジェクト組織の結合強化に必要な資源を積極的に追加請求する．
- UM に対し，止むを得ない理由により目標変更や仕様変更が必要なときは，自ら問題提起して承認を促し，新しい進め方への積極的な協力を求める．
- E/MM に対し，より優れたプロジェクト組織運営のアプローチがないかどうか，情報を求め，情報が不足しているときは調査を依頼する．

4.4.4 RqC-L：コンセプト供給機能の運用と統制（E/MM：教育／システム開発方法論管理者の権限と動機）

プロジェクト運営を適切に行うためには，プロジェクト・メンバーがコンセプトを共有し，プロジェクトがあたかも 1 つの人格を持つかのごとく振る舞える環境づくりが必要である．EM：教育管理者はコンセプト教育面から，MM：システム開発方法論管理者は，OJT 面からこれを支援するが，実際にはこれらの任務を兼用することが多い．

自己防衛的 E/MM

E/MM は，用意された標準カリキュラム，標準マニュアルに沿った形で教育やガイダンスのサービスを行う．

- SM に対し，標準で必要と考える合理的な資源投入のあり方を

TRM(task responsibility matrix)[12] や見積もり標準値等を用いて説明する.

- UMに対し, 目標設定の方法が標準に沿った妥当かつ合理的なアプローチによって求められようとしているかどうか確認を求める.
- PMに対し, プロジェクトが標準に沿った形で合理的に運営されているかどうかについて確認を求める.

自己革新的 E/MM

E/MMは, 現在の標準がプロジェクトの実施に最適なものとなっているかについて調査等を通じて批判的に検討し, 読み換えや改訂の必要性を考える.

- SMに対し, 標準通りの資源投入では通用しない性格のプロジェクト案件もあることについて根拠をもって説明し, 柔軟な資源投入への体制作りを促す.
- UMに対し, 目標設定の方法が標準の遵守にこだわった形式的なものに陥っていないかどうか確認し, 場合によっては標準を度外視したアプローチをとっても構わないことについて根拠をもって説明する.
- PMに対し, プロジェクト運営が標準の遵守にこだわった形式的なものに陥っていないかどうか確認し, 場合によっては標準を度外視したアプローチをとっても構わないことについて根拠をもって説明する.

4.5 プロジェクトへの動機を踏まえた統制の必要性

要件統制サブシステムにおいては, 自己防衛的な内部統制の動機を持つ場合と自己革新的な内部統制の動機を持つ場合がある. しかし, 施主がこ

[12] 作業分割構造：WBS (work breakdown structure) に列挙された各作業を, プロジェクト要員の能力, 負荷, 適用技術, 交渉相手, 等の要件を勘案の上, プロジェクト要員に整理して割り当て, 責任と権限のマトリクス表として定義したものである.

のような形で動機を常に明確に認識しているとは限らない．

システム監査人は，自己防衛的な内部統制の動機と自己革新的な内部統制の動機の分布状況の理解に努め，施主自身の動機が曖昧なときは，システム監査の中で明確化を支援することが必要である．このときシステム監査人は，自身の理想的な統制イメージを押し当てて内部統制の評定を行ってはならない．これが本章から導ける結論である．

第5章

システム構築プロジェクトの現場を支える資源動員
—システム開発ライフサイクル課題—

5.1 システム開発ライフサイクル課題

これまで，システム構築プロジェクトの統制方法について述べてきた．統制は，自己防衛的と自己革新的いずれの動機であれプロジェクト主体の行動へのコントロールとして機能してきた．ここではプロジェクトに関与する各主体のプロジェクト行動について，システム開発ライフサイクル課題をキーワードとして考察する．

システム開発ライフサイクル：SDLC (system development life cycle) は，情報システムの構築から運用，保守，廃棄に至る過程が，人間の成長，成熟，衰退というサイクルに似ていることから作られた概念である．ところで発達教育学では，この人間の成長から成熟に至る過程に焦点を当て，成長には段階的に達成していかなければならない課題があることを見出している．このことを発達課題 (developmental task)[1] と呼ぶが，情報システ

---

1) ハビガスト (Havighast, R. J.) によれば，個人の一生のある時期に順を追って生じる課題があり，1つの課題の達成は人を幸福に導き，その後の課題の達成の成功をもたらすが，逆にその達成の失敗は社会的非難と不幸を招き，その後の課題の遂行を困難にする，とされる．またエリクソン (Erikson, E. H.) は，人間には8つのライフステージがあり，それぞれの段階ごとに他者や集団との関係で生じる課題の達成が必要となることを指摘する．山村の整理 [1] を参照のこと．

ムにも実は同じような課題があると考えられる．システム構築に焦点を絞ると，第3章で述べたようにプロジェクトは課題解決過程である．各工程／活動領域の課題の中には，課題の処し方が次に続く工程／活動の品質や成り行きの決定的要因 (critical factor) となるものがある．本書では，これをシステム開発ライフサイクル課題（以後，SDLC 課題）と呼ぶことにする．システム構築は，SDLC 課題の達成過程にほかならない．

これまで議論してきたシステム構築の要件統制は，健全な状態でシステム構築を達成するために全工程で必要とされる要件を述べたものである．これに対する応じ方は複数ありうる．一般的には次のいずれかのアプローチがとられるようである．

① 個々の要員の経験と勘を頼りに，場当たり的に対応していく．
② とりあえずチーム内で一定のルールを設け，それに従って対応していく．
③ 参考となる標準ルールを外部に求め，必要に応じて適用し対応していく．
④ 信頼できる標準ルールを外部に求め，それに従って対応していく．

しかしどのアプローチをとるにしても，システム構築が課題達成過程である以上，なんらかの課題達成なしに情報システムを無事に完成させることはあり得ない．そしてアプローチの特性に応じて，異なった課題が現れるのであるが，ここでは ④ に該当する代表的なシステム構築アプローチにおける SDLC 課題を述べる．はじめにシステム構築アプローチに固有の課題を，次に要件統制の各活動領域に固有の SDLC 課題をそれぞれ検討する．

5.2 システム構築アプローチに関わる SDLC 課題

第2章で規定したように，本書では相互に関連する手法群を一体のものとして管理する手法システムをアプローチと呼ぶ．本節ではシステム構築アプローチの歴史を踏まえ，システム構築アプローチに固有の SDLC 課題がどのようなものであるかの基本的イメージを考察する．

5.2.1　システム構築アプローチの歴史

現在代表的なシステム構築アプローチは，順次歴史的に登場してきているので，まずここから簡単にレビューすることにしよう．

システム構築アプローチは，はじめ，構造化プログラミングなどプログラミング技術の理論的整備から着手された．やがて情報システムの設計，開発，テスト，移行の各工程をトータルな管理対象として捉え整然と順次実施するウォーターフォール・アプローチが提唱された．このアプローチは，それまでのやみくもな着想→構築→手直しのスクラップ・アンド・ビルド型の手法がもたらす構築混乱と品質低下への反省から生まれたものであった．ウォーターフォール・アプローチは，土木，造船，航空宇宙，プラントなどの分野における規範的なプロジェクト管理手法としての地位を確立していた WBS 手法をシステム構築管理に援用したものであり，これにより初めてシステム構築は工学的対象として認識されるようになった．ウォーターフォール・アプローチにより懸案のシステム品質は著しく高められたが，その代償として，仕様確定までの工期も長くなった．

コンピュータ能力の著しい向上と，ソフトウェア自動生産に関する基礎的／応用的研究の成果は，1980 年代に入り，ソフトウェアの模型であるプロトタイプツールを利用するプロトタイピング・アプローチを世に送り出した．これは「要求仕様を決定してから常に設計できるように人間のイマジネーションはできていない．むしろ積極的に模型を作り，イメージを試してから本物を作るようにするべきである」という考えによるものであり，ウォーターフォール・アプローチに代わる有力な選択肢としてもてはやされた．

やがて両者を相補的に活用するアプローチが検討されるようになった．

TRW社のベーム (Boehm, B.) が1988年に提案したスパイラル・アプローチ [2] は1つの理論的到達点となった．このアプローチは，後工程に関する予見的情報をプロトタイプツールで試掘することにより，前工程の生産性の向上を図るものであった．また様々な技術的アイデアも盛り込まれていた．しかし，スパイラル・アプローチは，実際には，システム構築の生産性を抜本的に向上させるものではなかった．

プロトタイプツールの登場は，ソフトウェア自動生産技術の進展を促す契機となった．その一方で，必要に応じて機能部品を自由に組み合わせて目的の情報システムを構築するアプローチが普及した[2)]．

これらは，プロセスの分析・設計に関するアプローチの発展の歴史であるが，その一方でデータの分析・設計に関する手法として，データ中心アプローチが注目をあびるようになる．もともと情報システムは，データおよびデータ処理の複合体であったが，データはデータ処理に比べ安定度が非常に高いシステム部品として捉えられることがわかり，情報システムの周辺にファイルを配置するアプローチから，データベースを中心に情報システムを構築するアプローチへと転換する動きが加速した．

これとは別に，オブジェクト指向によるアプローチが独自に発展したが，現在はデータ中心アプローチとの融合が理論面と現場適用面の両方で試みられている．またERP導入を前提とする構築やクラウド・サービスを前提とする構築アプローチも広がったが，それらをどのような構築アーキテクチャで捉えるかという検討も進められている．

このように構築手法は，多様化と融合の歴史を辿っている．システム構築プロジェクトにおいてもプロジェクト事情に応じた手法の複合的適用が行われている．

---

2) はじめは，アプリケーションごとにそれに付帯するマクロ機能として提供されていたが，現在はむしろ特定の機能ユニットを必要な都度外部から調達して自分の好みのアプリケーションとして構築していく方向にある．1つの形態は，アプリケーション・パッケージにおける機能別のユニット供給であり，もう1つの形態は，ネットワーク経由での動作イメージのユニット供給である．本書でこれらの動向を詳述する余裕はないので他書を参照のこと．

その一方，構築アプローチに対する規範的なモデル作りとして，① 構築システムの品質保証を具体的に行うシステム生産管理事業所に対する認証基準として国際標準化機構が定めた「ISO9000-3」や，② システム構築取引を適切に行えるためのガイドラインとして通産省（当時）が定めた「システム開発取引の共通フレーム (SLCP-JCFxx)」の動きもあったし，③ 学術界または民間有志連合での標準プラットフォーム検討もあった．③ の動きは盛衰も激しく，全貌を捉えることはおよそ不可能である．

5.2.2 2 つのシステム構築アプローチにおける SDLC 課題

ここではプロジェクトの進行基準の取り方が対照的なウォーターフォール・アプローチとプロトタイピング・アプローチを理念型として取り上げ，それぞれのシステム構築における SDLC 課題を比較する[3]．これまで多くのアプローチが誕生したが，実際の適用における進行基準の取り方に注目すると，両者を極とする間に位置づけられる点に注意する．

(1) ウォーターフォール・アプローチ

ウォーターフォール・アプローチは，システム企画，システム設計，システム開発，システムテスト，システム運用の各工程を整然と進める管理手法である．それぞれの工程は画然と分割されており，それぞれの工程で求められる仕様が確定しない限り後ろの工程に進むことは許されない．後工程は，前工程で決定されたシステム構造に従って設計範囲が分割され分担設計されることになるため，全体構造の理解が不十分のとき分担設計されたパートどうしがきちんと結合しなくなる．そのため全体構造の信頼性を高めるための努力が求められる．次工程は，前工程で確定した内容のレビューからスタートする．

---

3) ベームの提案に象徴されるように，現在では，両アプローチは相補的に用いられる傾向にあるが，ここでは比較のための理念型として用いる．

仕様決定は，機能や使い勝手に関する利用者の要求事項を初めに洗い出し，技術的な問題や矛盾の解決方法を検討し，経費面や運用面の制約を見ながら，徐々に妥当な提案を導くアプローチをとる．ここでは，利用者は明確な要求事項をすでに持っているか，または要求分析の過程で明確化できるものと考える．利用者は自らの責任において然るべき工程で要求事項を明確にし，仕様確定させる役割を担うものとされている．

ウォーターフォール・アプローチでは，それぞれの工程を確実に終わらせることがSDLC課題となる．具体的には次のような仕様が利用者の要求を満足させる形で決定されなければならない．

システム企画……システム化方針，業務改訂方針，経営効果
システム設計……画面帳票仕様，データベース構造，処理ロジック，運用体制
システム開発……プログラム仕様，データベース仕様，ネットワーク仕様
システムテスト……入出力動作確認，データベース処理保証，通信性能保証

(2)　プロトタイピング・アプローチ

プロトタイピング・アプローチは，ウォーターフォール・アプローチによっては利用者が要求事項を明確にできない場合があることを指摘する．現にウォーターフォール・アプローチでは後工程になってからの追加要求や要求変更による進行管理の混乱が多発している．

そうであれば，試行錯誤の模型作りによって利用者が自らの要求を発見し，調整し，確実化し，仕様として承認していける工程を採用してみてはどうか，というのがプロトタイピング・アプローチの主張である．場合によっては，利用者が要求を固めた時点の模型を本番システムとしてそのまま認めてもよい．

しかし，プロトタイピング・アプローチには弱点がある．情報システム

は，複雑な構造物である．各個部分の主張を認めると全体レベルで大きな矛盾が発生する場合がある．また，ある部分の改訂の結果，別の部分の見直しが必要となったとしても，そのことに気づかない可能性がある．その上，いつまでも仕様変更が可能なのではなく，どこかで仕様を確定しなければならないが，どのタイミングで仕様を確定すべきかの判断基準が客観的に存在していないという問題もある [4]．

そこで，プロトタイピング・アプローチでは，いかに全体構造を壊さずにプロトタイプ作業を実施し，仕様確定させるかが SDLC 課題となる．

5.3 要件統制の要請に関わる SDLC 課題

前節で理念型として示したシステム構築アプローチは，それぞれ有力な手法であるが，アプローチを実践するのは人間であるし資源自体の物理的制約もある．実際に要件統制の要請に対し，動員対象資源：RfM(resources for mobilization) の各管理主体が応えていけるかどうかは，現場の状況に依存する．本節ではシステム構築プロジェクトの全般活動を規定する要件統制にかかわる SDLC 課題を活動領域別に検討する．

5.3.1 目標達成に向けての資源動員

われわれの行動は，われわれが直接的に接触，操作，消費できるものを通して実践されると理解できる．そのような対象のうち，活用により価値が引出せると見なせる存在が「資源」であった．すると，われわれの行動は資源動員の枠組みで理解することができる．実際，プロジェクトは，目標達成に向けての投入資源の計画と統制の過程そのものである．動員対象

[4] アジャイル手法の要件分析で一般に使われる探査的なイテレーション (iteration) の特徴と課題は，進行基準の取り方による理念型に照らすとプロトタイピング・アプローチの側に位置すると思われる．アジャイル手法の現状について実践家の松岡真功と渡辺幸三 [3] は，終わりなきイテレーションが招く「アジャイル・デスマーチ」の問題を鋭く指摘している．

資源のありようがプロジェクト自体の運営のありようを現場状況から規定するのである．ここではプロジェクトの実施におけるわれわれの資源動員に焦点を置いて考えてみよう．

5.3.2　4つのプロジェクト資源の動員と運用

経営資源は，人 (human)，もの (material)，カネ (finance)，情報 (information) の4つが代表的な類型[5)]である．プロジェクトは経営行動の一部であるから，ここでは同じ類型を用いてプロジェクト資源を4分類する．プロジェクト資源は，課題達成に向けてプロジェクトで動員され運用され続ける．プロジェクトの課題を最適な方法で解決するためには適切な資源動員とバランスの取れた資源運用が求められる．

プロジェクト全体レベルではすでにRqC-AGIL，すなわち，

RqC-A ：資源調達・動員機能（SM：システム部門管理者による統制）
RqC-G ：目標設定・宣言機能（UM：利用部門管理者による統制）
RqC-I ：組織結合強化機能（PM：プロジェクト管理者による統制）
RqC-L ：コンセプト供給機能（E/MM：教育／システム開発方法論管理者による統制）

の4要件が，それぞれの統制の管理責任者に課されている．このうちRqC-Aの管理者は資源動員，RqC-G, RqC-I, RqC-L の管理者は資源運用にかかわる要請の主体となる．第2章で述べたように，RqC-AGILの各要件はそれぞれの管理者の専管事項ではなく，プロジェクト関係者全員による自由かつ自発的なかかわりが期待されている点に注意する．管理者は権限行使が必要なときに役割を発揮すべき存在として認識されている．

---

5) 最近注目のビジネスモデルキャンバス：BMC (Business Model Canvas) [4] も，キー・リソースを洗い出すための起点として同様の4資源タイプ (human, physical, financial, intellectual) を提示しているので，このような類型化は今も有効であると考えてよい．

施主の意を受けた利用部門が主体となってシステム化の目標を定め，その実現に向けて，利用部門から信任を受けたプロジェクトチームが任務に励み，関係者が協調して経営資源の動員と運用に尽くし，プロジェクトをゴールへと向かわせる構図が RqC-AGIL の理想である．また，もし当初のプロジェクト目標が達成困難と判明すれば，速やかに問題の把握と対処を図る．プロジェクト目標自体に致命的な瑕疵を見つけた場合は，再び利用部門の主体でプロジェクト目標を妥当化し，プロジェクトを正常な軌道に乗せる．こうしたことも RqC-AGIL の機能である．

プロジェクト資源の動員と運用は RqC-AGIL の 4 要件の統制に対する資源管理者からの主体的なリアクション行動として理解[6]することができる．ただし，リアクションの仕方は，構築アプローチの違いや資源管理者たる各主体の置かれた状況によりかなり異なりうる．また，多くの場合，資源の供給管理者は通常，要件統制側の管理者と異なるが，要請主体が自ら資源を調達・動員する場合もある点に留意する．

表 5.1 は，要件統制側の資源要請に対する供給側の対応課題を概略的に整理したものである．ここでは 4 資源の英語表記を，人：RfM-H (human)，もの：RfM-M (material)，カネ：RfM-F (finance)，情報：RfM-I (information) とし，これらを RfM-HMFI と総称する．

また，資源 RfM-X に対する要件統制 RqC-Y からの要請を Xy と表わす．たとえば，要件統制 RqC-A——すなわち資源調達・動員の機能（SM：システム部門管理者が管理主体）は，4 つの資源：RfM-HMFI にそれぞれ対応する資源要請のサブ機能を持つが，このうち人的資源：RfM-H の調達・動員を要請するサブ機能を Ha と表わす．

図 5.1 は，この要件統制 RqC-A に焦点を当て，これによって調達・動員が求められた RfM-HMFI の各プロジェクト資源に対する各資源管理者

[6] このような構造機能主義的なアプローチは社会学の分野ではかつてほど積極的に用いられなくなったようであるが，統制機能の達成を主テーマとするプロジェクト管理の分析にはなお有効であると考える．

表 5.1 プロジェクト要件側の要請と資源供給側の対応課題

プロジェクトの要件統制 ＼ 動員・運用対象資源		RfM-H 人	RfM-M もの	RfM-F カネ	RfM-I 情報
資源動員	RqC-A 資源調達・動員	手配	導入	予算確保	収集
資源運用	RqC-G 目標設定・宣言	理解・技術	整備	支払体勢	目標リンク
	RqC-I 組織結合強化	協調	統合的接合	結束用支出	整合化
	RqC-L コンセプト供給	活動様式	導入意図	教育的投資	共有管理

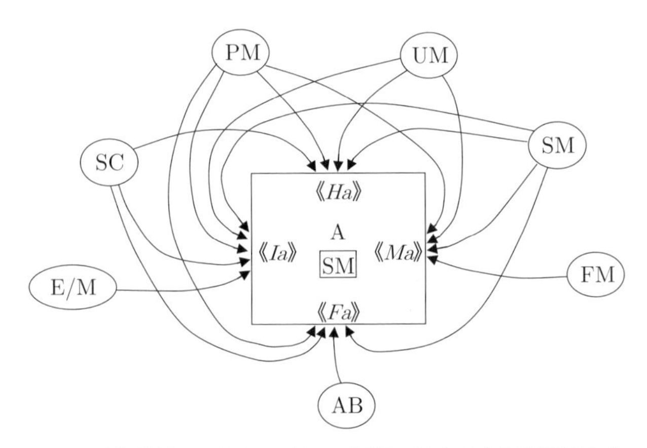

図 5.1 要件統制 RqC-A の個々の要請に対する各資源管理主体のリアクション

からの供給リアクションを矢線で示したものである．新たに登場する責任者名をここで挙げておくと，AB (authority of budget) 予算権限者，AM (accounting manager) 経理部門管理者，FM (facility manager) 設備部門管理者，IM (information resource document manager) 情報資源文書部門管理者，および SC (subcontractor) 協力会社である[7]．

5.3.3 各資源に関するプロジェクト関与状況

資源は自由に使えない．プロジェクト資源の動員を求められる供給管理者は，要件統制管理者からの要請に対し，資源の供出可能量と優先配当順位を念頭に，現場の実状を訴えつつリアクションする．こうした要請とリアクションの緊張状態が，現場レベルでの個々の SDLC 課題となる．具体的な課題の現れ方や達成の仕方は，システム構築の展開状況により異なるが，課題自体の基本的性格は同じである．以下，詳しく要件ごとの活動領域に沿って例示する．各要件の要請に対するリアクション主体と内容の解説は便宜的なものであり，先にも述べたように，実際の状況により主体と対応は変わりうる点に留意する．

(1) RfM-H：人的資源の動員・運用

Ha：要員の手配・調達（リアクション主体：SM, UM, PM, SC）

プロジェクトの質を高めるためにはどうしても利用部門からの参画と，専門技術を有する外部要員[8]の利用が必要になる．プロジェクトとしては当然このような要求をしきりに訴えるであろう．しかし現実には，利用部門側の理解不足やシステム部門管理者の心理的な理由などによって本来必要なこれらの要員の調達が制限されることが多い．

プロジェクトは，必要な技術・知識の異なる複数の工程を実施する．すべての技術が同時に必要とされることはなく，技術ごとに調達タイミングが異なる．要員の調達が早すぎると，要員を無駄に遊ばせることになり，調達が遅れると，仕事が実施できなくなる．要員を適切に調達し投入するた

[7] AM と IM は後の段で登場する．

[8] 外部要員の調達方法には，依頼の内容により，準委任，請負，派遣の 3 タイプがある．これらは責任の所在ばかりでなく，作業指示と成果物検収の方法も大きく異なる．

めには信頼性の高いプロジェクト計画ときめの細かい進捗管理が必要である[9]が，現実は容易ではない．

最近「情報システムの構築は，事業の本業ではない」と考え，構築から運用までのすべてを外部専門会社にゆだねるアウトソーシング・ケースが増えてきた．メリットも大きいが，構築ノウハウが自社内に蓄積されないデメリットもあり[10]，システム部門管理者にとって慎重に判断すべき選択肢の1つとなる．

Hg：理解・技術の目標管理（リアクション主体：UM, PM, SC）

プロジェクトは，常に新しい課題への挑戦となる．同じ情報システムは二度と作ることがない一期一会である．プロジェクトは，徐々に不明点や矛盾点を解決し，達成すべきシステム化目標を獲得していく過程が工程の中に組み込まれている．これらの解決過程を通して，要員は構築対象についての理解を深め，自信を深めていく．つまりプロジェクトは課題や業務に対する関係各部門の要員の知識や技術の錬成の場でもある．

情報システムは数年のサイクルで大きなシステム構築の波が押し寄せる．今は大きな構築がなくとも，将来課されることになるシステム構築事業に対する備えは今のうちに行わなければならない．数年先の大きな構築に備えるために，今の若手にどのようなプロジェクト経験を積ませていくかは，重要な育成テーマとなる．また，プロジェクトは要員の潜在能力や適性を見極めていく機会でもある．

このように考えると，プロジェクトは，情報システムの分析，設計，開発についての目標管理を行う一方で，要員の理解や技術の目標管理，ひいては要員育成の目標管理を行う場でもある．要員育成を重視するプロジェクトの場合は，多少の生産性の低下に目をつぶってでも成果物の作成とレ

---

9) しかし，請負企業に対しては進捗や消費工数の報告を義務づけることが契約性質上許されない場合があり，理想通りにプロジェクト運営できない悩みとなっている．

10) これについては谷島宣之 [5] の日米比較に基づく問題の指摘が示唆深い．

ビューをきめ細かく行うこともある.

Hi：関係者間の協調（リアクション主体：SM, UM, PM, SC）

プロジェクトは，通常分担作業となる．分担は，業務領域別であったり，適用技術別であったりする．情報システムは構造化されているので，分担は通常，システム構造に合わせる形で担当を分ける．担当を分けるに当たり，分担領域間のインタフェースについての取り決めを行うが，詳細はそれぞれの分担領域内での仕様が明確にならないと判明しない．そこで繰り返し相互の仕様や仕様前提の擦り合わせが必要となる．

情報システムについての理解が進むと，簡単な擦り合わせのみで後は予断でインタフェースを構築しようとする者が現れる．実際それで通用する場合が多いのであるが，致命的な擦り合わせ漏れを起こす場合もある．このとき，情報システムは欠陥を内蔵する．このような馴れ合いによるコミュニケーション不足も，その逆に，相互の離反による仕様の押しつけ合いも，擦り合わせ漏れの危険が大きい．

そこでプロジェクト管理者は，関係者間のフォーマル／インフォーマル両方のコミュニケーションを用いて関係者間の協調の強化に努めようとする．

関係者間の協調を高めるための支援手法としてグループウェアは一定の効果があるとされている．これは，互いの仕事を強制割込的に阻害することなく関係者間のインフォーマルなコミュニケーションを促進する．しかもコミュニケーション結果が文書としてすべて残るメリットがある．

Il：整然たる活動様式（リアクション主体：E/MM, PM, SC）

システム構築プロジェクトは組織活動であり要員育成活動でもある．プロジェクトの日々の活動結果は，より良い情報システム作りに必要なものは何か，自分たちのシステム管理能力はどれだけのシステム構築レベルに耐えられるかを判断する材料となる．ひと握りのベテランが独りよがりの構築を行っても，部門のシステム構築管理能力の成長には寄与しない．

このようなことから，多少の生産性低下に目をつぶっても，活動様式を統一し，誰が参画するどのようなプロジェクトでも，プロジェクトの状況を同じように把握し，指示することができる整然たる活動様式が必要であるとする考え方[11]が生まれた．その中には標準化された文書フォームへの仕様登録や厳格なレビュー実施なども含まれている．

ただし活動様式の統一は一般に抵抗される傾向があり，システム開発方法論管理者としては，そのような抵抗感をいかに弱くしていくかが課題となる．

(2) RfM-M：機器類（もの的）資源の動員・運用

Ma：機器類の調達・導入（リアクション主体：SM, FM, PM, UM, SC）

情報システムは，ハードウェア，ソフトウェア，ネットワークなどの装備の集積体である．適切な装備なくして目標システムは実現しない．そこで具体的な装備計画が問題となる．大型汎用機やオフコンをホストとする集中管理方式でシステム構築していた時代の機器更新の検討は，ホストの処理能力やネットワーク容量を議論していればよかった．

オープンシステム化とマルチメディア化の進んだ現在は，多様な機器に内蔵された機能の自由な組み合わせによりシステム化を検討する時代となった．今や情報システムの機能は，機器の機能と切り放して議論できない状況にある．

これとは別に，機能を機器に持たせず，必要なときに必要な機能部分だけネットワークから調達して使用すればよい，と考えるまったく新しいパラダイム[12]も登場している．これはソフトウェア取引に対する従来の考え方を根本から覆す可能性を持つものである．

プロジェクトから様々な機器導入の要求が挙げられるようになった今日，システム部門管理者は，それぞれに対し，適切に是是非非の対応を行う主

---

[11] 歴史的には，プラント技術からの応用であるWBSが最も早い．

[12] 本章の注2)を参照のこと．

導的な力が求められているのである．

Mg：機器類の整備の目標管理（リアクション主体：PM, UM, SM, FM）

プロジェクトは予定を立てて進む．必要な機器類はプロジェクトの進捗に間に合うように整備しなければならない．適用予定の工程に間に合わない場合は，プロジェクト目標に照らして遅延の影響度を評価し対応する．遅延の影響が著しい場合は，別の代替案を検討することもある．それはプロジェクトの目標達成に影響を与えることである．その結果の多くは利用部門の期待と異なるので，機器類の整備は利用部門との情報共有による目標管理が不可欠である．

今日の状況を見ると，情報システムに求められる性能は，急速にアップし，利用部門の業務で使用するIT装備のリプレース・サイクルは短くなりつつある．このような状況になると，どのようなシナリオで装備を調達すれば最も有効かが，重要な関心事となる．工期の長いプロジェクトの場合，工期途中で世に出ている製品を前提とするわけにいかず，製品動向を見ながら調達予想して判断する事態も起こりうる．

また，画期的な新製品が近々出る予定なので，それまでプロジェクトを差し止めるといったケースも出てくる．しかし予告新製品の調達には，必要なタイミングに必要数量が確保できるかどうか，また性能や信頼性やトラブル時のサポート体制は大丈夫か，などといった不安が常にある．そのような場合，課された条件の中でどこまで自社がリスクに挑戦していけるかの見極めが関係者に求められる．

Mi：機器類の統合的接合（リアクション主体：PM, UM, SM, FM）

調達したハードウェア，ソフトウェア，ネットワークが，きちんと接合し，計画通り機能するかどうかは，システム設計に影響がある重要な問題である．その統合的な接合イメージは，プロジェクト管理者の発意で構想し実現しなければならない．

しかしすべてを見通すことは困難である．たとえば分割された業務領域ごとに機器類を導入する場合は，業務間インタフェースが機器類どうしのインタフェースとして実装されることもある．このとき機器類はそれぞれ独自のアーキテクチャで構築されているため，ストレスフリーな結合構築がむずかしい事態も生じうる．また実際に機器類を接合する段になって初めてギャップが発覚することもある．これを解決する方法としては，① インタフェースに関係する業務プロセスの仕様を一部変更する，② 機器類をカスタマイズしてストレスフリーなインタフェースを構築する，などといった選択肢がある．後者の場合は，あらたな予算の追加となる．機器類のインタフェース構築は業務部門間の利害調整を伴うこともあるため，プロジェクト管理者の責任で調整を進めることが求められる．

Ml：機器類の導入意図の浸透（リアクション主体：PM, UM, SM, FM）

利用部門が直接手にする機器類の場合，新しい機器類の導入を含めた新システムを活用して経営価値を引き出す担い手は利用者にほかならない．利用者が新システムの導入意図を理解して初めてシステム化の効果が期待できる．利用者に新しい機器類を提供する場合は，システム化の意図も含めて使用方法を丁寧に教える必要がある．慣れ親しんだ機器類からの乗り換えの際は，変更理由も説明すると利用者の理解が深まることがある．またアルバイトを使う業務の場合，想定外の機器操作による業務トラブルの防止策を，どのように統制として情報システムに仕込むかが重要な管理事項となる．

これらのことの利用部門への説明は，利用部門から派出されたプロジェクト要員，またはプロジェクト・レビューに参画した利用部門関係者が自部門に対して行うことが望ましい．

またプロジェクト成果物をリポジトリ[13)]に登録管理する場合は，登録

[13)] リポジトリについては第2章を参照のこと．このツールは，データディクショナリ／ディレクトリシステムと呼ばれていた頃からすでにデータ項目，レコード，ファイル，インプッ

要領を一通り説明するだけでは質の高い内容を登録できないことが多いので，教育／システム開発方法論管理者の責任で OJT サポートを行い，リポジトリ導入意図の浸透を図りつつ登録内容の質的向上を促すことが望ましい．

(3) RfM-F：財務（カネ的）資源の動員・運用

Fa：プロジェクト予算の確保（リアクション主体：AB, SM, PM, SC）

プロジェクトは予算をもって執行する．予算権限者にはプロジェクトの財源となる予算を承認し保証する責任がある．予算の裏づけがあいまいなプロジェクトは破綻しやすい．その逆に硬直した予算内でプロジェクトを執行するアプローチも成功しない．プロジェクトはあくまでも達成すべき成果とそれに必要な予算のバランスの中で計画・執行されるべきものである．

予算の裏づけは見積もりによって行う．見積もり対象は，情報システムの構築と運用に必要なハードウェア，ソフトウェア，ネットワークの購入費用や，システム構築に必要な人件費，ノウハウ料，施設利用料，などである．システム構築には，通常数カ月，長いものになると数年を要するので，期をまたぐ予算となる場合が多い．また，人件費関係では工程により金額算出の根拠が異なる．上流工程の要所や特殊技術を委ねられる要員の人件費単価は高くなる．

ただしシステム構築の工数見積もりは一般に精度が悪い．システム設計が終わるまでは正確な見積もりができないとまでいわれる．またシステム構築管理標準の整備度，過去の構築プロジェクトのデータ蓄積度，構築対象の難度などによっても精度が大きく変わる．そこでシステム部門管理者は，プロジェクト管理者に対し，見積もり誤差のリスクをある程度盛り込み済みのもので予算案を提出させ，そのような理解の基で予算権限者を説得し，お墨付きの予算をプロジェクトに与える必要がある．

ト，アウトプット，ジョブ，プログラム，モジュールなどの設計文書と，それらの関連を登録するモデルを定石として備えていた．ここでのリポジトリのイメージも同様である．

Fg：目標に直結した支払体制（リアクション主体：PM, SM, AM, SC）

予算はプロジェクトを動かすためにある．すでに枠として割り当てられた予算を速やかに執行するためには，支払体制を予算の目標管理と直結させる必要がある．だが金銭の支出は当然のことながら経理部門のアドミニストレーションを通さなければならず，経理部門が正当と考える固有の論理が，かえってプロジェクトの進め方に微妙な影を落とすこともある．

たとえば筆者の知る事例では，ある月にプロジェクト作業が集中的に発生したところ，施主側の月次支払枠の社内規定に引っかかり，協力会社への支払いの一部が翌翌月に持ち越される事態となった．システム構築は一時的に集中的な作業が発生しがちなので，月次枠そのものがシステム構築管理に馴染まないはずだが，こうしたことも起きるのである．

別の事例では，付帯作業が発生したにもかかわらず，プロジェクト管理者がプロジェクト完了通知を経理側にうっかり提出したために，付帯作業の費用を支払う財源の再確保に手間どる事態となった．これなど完全な事務的ミスだが，企業事情によっては弾力的な事務運用でカバーできないところもある．

支払いのトラブルが深刻化すると，協力会社はメンバーを引き揚げるなど様々な対抗手段に出ることもある．またトラブルではないが，支払いが済むまで必要なツールが使用できず，それによってプロジェクトが先に進めないこともある．プロジェクト管理者は支払体制がもたらすプロジェクトへの影響を十分に理解してツールの導入計画を立案し，またもし支払体制に問題があれば積極的に是正を求めていく必要がある．

Fi：組織の結束のための支出（リアクション主体：AB, SM, PM, UM, SC）

プロジェクトは組織の結束によってリスクを乗り切り目標達成しようとする活動である．組織の結束が弱くなるとプロジェクトは危ういものとなる．プロジェクトではあらゆる機会を通してプロジェクト組織の結束を図り，それを直接の目的として経費を支出する活動もある．キックオフ合宿や大きな工程を終えた後の慰労会が典型であるし，日々のプロジェクト活動の中でも，それに関連した種々の経費支出が発生する．それにもかかわらず不測の事態で組織の結束が危機に瀕した場合は，その修復手当てに臨時の予算措置が講じられることもある．

こうした経費を，どのような支出財源と支出枠で捉えるべきかについては，プロジェクトが始まる前にある程度押さえておく必要がある．またプロジェクトは不測の事態を織り込みつつ進める性質の仕事であるから，プロジェクト管理者は，少なくともシステム設計が完了するまでは，経費配分の見直しの可能性を常に考慮に入れておく必要がある．

Fl：教育的投資（リアクション主体：PM, UM, SM, AM, SC）

プロジェクトの品質を高めるためには，要員の能力を高めることと，プロジェクトの目的や手法を要員にきちんと理解させることが必要である．そのための定石的手法として用いられるのが教育研修でありOJTである．社内講師が充実していれば，これらの者が率先して社内教育に当たれば済むが，そうでなく外部講師に依頼する場合は，そのための予算を求めることになる．

教育研修の費用財源は部門間の関係や取引関係によって変わりうる．

プロジェクトで適用するシステム構築標準を新たに整備する場合は，高度な専門技術を要するため，外部コンサルタントの助力を求めることがある．その場合も，必要な予算を求めることになる．普及推進用の媒体を制作するのであれば，そのための費用も発生する．

システム関連文書をリポジトリ管理する場合（*Il* の活動）は，そのためのツール導入予算の確保も必要となる．

システム構築には大きな工数と直接経費が支出されるが，その決め手となるのは要員の能力とプロジェクト理解である．要員が高い能力と優れたプロジェクト理解で仕事に当たることができれば，上のような教育や普及推進やツール導入は投資効果があったと判断できる．

(4) RfM-I：情報的資源[14] の動員・運用

Ia：情報収集（リアクション主体：PM, UM, SM, E/MM, SC）

プロジェクトは，不明点を順次明らかにしつつ，問題を解決していく過程である．重要な情報を見逃したまま作業を進めるとどこかで手痛い支障を被る．プロジェクト管理では一般に後工程で発覚した支障ほど被害が大きい．このような支障を引き起こさないようにするには，社内外からの十分な情報収集が必要である．他の資源と異なりプロジェクトで必要とする情報は，それを必要とする者自ら情報集めに当たることが求められ，プロジェクト関係者がそれを支援する構図となる．

システム構築は，高度のシステム技術と深い業務見識を要する．十分な技術と知識と問題意識を持たないまま情報収集しても，重要なポイントを見逃す恐れが大きい．また，システム部門側と利用部門側のいずれに偏向した分析も，問題をゆがめて解釈しやすく不適当である．両方の分野をバランス良く情報収集・分析していかなければならない．そのためには，チームメンバー全員が同じレベルの理解と問題意識を持てるような運営が必要である．具体的には，情報収集の分担計画と，収集した情報の分析結果の全体レビューを常にセットとして運営していくことである．

プロジェクト管理者は情報収集が十分であるかどうかを常に総合的な見地から評価し続ける必要がある．

Ig：目標とリンクした情報活用（リアクション主体：E/MM, PM, UM, SC）

プロジェクトは，情報システムの完成に向けて進む．システム構築は，細かな作業単位を体系的に積み上げながら遥か先の目標地点に向けて工程を管理し維持する．利用部門の様々な願いに対し実現できる情報システムは 1 つしかない．複数の実施案が出た場合は利用部門の責任で，どれか決め

---

[14] ここでの「情報的資源」は，人，もの，カネとの対比を意識しての限定的表現である．情報資源管理を体系的に論じたシノットやブライスの規定した「情報資源」は，当然ながらこれを含んで広大な対象範囲を持つ．

なければならない．実施案が決まったら，その実現目標に寄与する情報と不要な情報の峻別を明確にし，プロジェクトを混乱させる情報は脇に収める．どのような目標とリンクさせた情報に集中すべきか．この最も重要な判断は利用部門自ら下すべきものである．利用部門管理者が決然と判断できないプロジェクトは混乱の芽を残し，迷走するリスクが高くなる．

優れた情報システムを構築するための手法としては，ウォーターフォール・アプローチ，スパイラル・アプローチ，プロトタイピング・アプローチ，ソフトウェアパッケージ・アプローチ，マッシュアップ・アプローチなど多種多様である．アプローチの仕方はそれぞれ異なるが，いずれも利用部門が 1 つの情報システムを決然と選ぶのに必要な情報を獲得する機会が設けられている．

ただし要員がシステム構築アプローチに習熟していない間は，アプローチに対する理解不足や技術不足による仕様漏れが多く重要なプロジェクト判断が下せない．こうした場合は，繰り返しの OJT を通してアプローチに対する理解を促していく活動が必要である．ここでは教育管理者やシステム開発方法論管理者の積極的な関与が求められる．

Ii：整合化（リアクション主体：PM, UM, E/MM, SC）

情報システムは広大で複雑な構造を持つが，統合された形で実現して初めて完成である．そのためには，分担設計された仕様がきちんと整合性よく連携機能しなければならない．具体的には仕様統合ということになるが，競合する実施案からの選択や結合する実施案間の調整を伴う．これは緻密な作業を要し，Ia で集めた情報はそのために投入される．具体的な手法としては，自己組織統制力を持つ成果物をアプローチの中核に据えることが考えられる．そのうえで，徹底したウォークスルー踏査を繰り返すとよい．属人的な知識・経験だけで整合性を確保することは，情報システムがより複雑化しつつある今日，むずかしい．やはり理論による整合性の保証が必要である．

ただし，仕様統合は利用者間の意見調整が前提となることも多く，その場合はプロジェクト管理者が積極介入して意見調整を促す必要がある（Hi のリアクションの要請）．

プロジェクト管理者としては，成果物がきちんと整合性を確保するまで，辛抱強く分担作業を見守るとともに作業者が弱気にならないよう勇気づける姿勢が必要である．

Il：文書共有管理（リアクション主体：E/MM, PM, UM, IM, SC）

プロジェクト情報は必要とする関係者が活用しやすい文書で共有管理しなければならない[15]．優れたシステム開発方法論は例外なく，文書を活動種別に体系管理する仕組み[16]を備えており，また多くの管理対象文書に標準フォームを用意している．同じ仕様を記述するための成果物フォームは無数に可能だが，作業者がめいめい勝手なフォームで成果物を記述すると，レビューがどうしても甘くなり，誤りの検出漏れが生じやすくなる．標準フォームを用意する狙いは，規律による文書品質の確保と逸脱防止にある．これはWBSが確立した文書管理思想の正当な継承といえる．

協力会社の技術者に作業を依頼する場合，——作業者は自社の経験からの類推で依頼主の作業意図や記述ルールを解釈し勝ち[17]であり——成果物の引き渡し時点で初めて互いの誤解に気づくこともあり，ひどい場合は作業のやり直しが発生する．このような事態を避けるためには，作業依頼のときに併せて簡単な作業ガイドを行うことが必要である．

ただし，同じ施主内にも多様な情報システムがあり，どの情報システムにも適用できる汎用フォームというのは作りにくい．そこで標準フォームは，管理上最低限必要な項目のみ記載し，個々の情報システムに固有の管理項目は備考等をプロジェクト内でカスタマイズして使用することもある．

---

[15] 第2章で取り上げた文書業務削減法を想起するとよい．
[16] 機能的には図書館のNDC分類基準に比肩すべき水準である．
[17] これも一種の限定的仕様領域の現象である．第3章を参照のこと．

この場合，システム開発方法論管理者としては，成果物フォームのプロジェクト・カスタマイズの指針を示す必要がある．

なお，このような標準フォームは，繰り返し使用を訴えなければ適用が浸透しない．そこで教育管理者が率先して普及のための教育活動を行う必要がある．

5.4 要件統制し続けることの自己成就性

このように見てくると，プロジェクト資源の動員状況がいかにプロジェクト現場を実状面から強く規定しているかが理解できよう．

システム構築アプローチは多様化したが，システム構築アプローチの差異や適用有無を問わず，人，もの，カネ，情報のプロジェクト資源は，本来，適切な統制の下で動員・運用されなければならなかった．

確固たるシステム構築アプローチが存在していなかった時代は，現場管理者の見識による統制だけが頼りであったはずだが，それは同時に博識の現場管理者を鍛え上げる訓練の場としても機能した．しかし情報システムが大きくなり複雑になればそれも次第に通用しなくなる．情報システムが単純で小さかった時代と同じ感覚で資源を動員し運用しようとすれば的はずれの管理行動となりやすい．

確固たるシステム構築アプローチが存在する場合は，統制機能のかなりの部分が内面化されるため，属人的な経験と勘による的はずれの行動は発生しにくい．しかし，資源動員が順調でなくなると，現場の実状を理由とする逸脱への主張が強くなるであろう．現場の実状は切実であり，確かにそこで直面する問題はSDLC課題であるに違いない．だが資源不足を理由として要件統制を無視する形で課題達成を急げばそれは要件統制の破れ目を広げることになる．

このような統制の破れ目を塞ぐ手段は，結局，要件統制の徹底継続しかないように思われる．資源をきちんと動員し運用し続けるから，資源不足を理由とする逸脱行動を抑止でき，また要件統制の意味を個々人の内面に浸透・定着させることができるのである．その結果，要件統制の意味を内面化した要員が充実すれば要件統制はますます維持しやすくなる．逆に不足すれば要件統制はますます難しくなる．この「要件統制し続けるから統制が守られる」という自己成就性 (self-fulfilling nature) に，プロジェクト統制システムの本質があるといえよう．

第6章

規範解体における システム構築プロジェクトの 統制と監査

6.1 規範解体がもたらす統制の危機

グループウェア，モバイル・コンピューティング，統合ソフトウェアパッケージ，マッシュアップ手法，クラウド・サービス等が次々と企業情報システムに導入され，その結果，技術ミックスによる構築が増え，それまで有効に機能してきたシステム構築管理の規範的枠組みが根本から見直しを迫られている．システム構築技術の変化は今日，それほどまでに多様かつ急速である．本章では，このような事態を，規範解体がもたらすシステム構築統制の危機と捉えて議論する．

システム構築統制の規範が指導性を失うと，システム構築プロジェクトは属人的な間に合わせの判断で立てた仮規範を頼みとするようになる．そのやり方が孕む危機については，これまで各章で議論してきた通りである．規範解体は，外部的な環境変化であり止むを得ない面があるにしても，問題は，それへの対処の仕方である．そのようなむずかしい局面にあってもなお，対処方法をメタ管理技術のレベル[1]で適切にガイドする基準があるのかどうか，ここではそれを確かめたい．

---

[1] 第3章の議論を参照．

このことはシステム監査のあり方にも大きく影響する．システム監査は，システム管理の統制力を高めるために第三者によって実施される調査報告と改善勧告の活動である．かつては，ウォーターフォール型もしくはスパイラル型アプローチによるシステム開発ライフサイクル管理がシステム構築の品質を高めるための模範解答として広く認められていたため，それまでのシステム監査は，伝統的なシステム開発ライフサイクル統制の視点から監査対象にアプローチすれば「それなりの」報告と改善勧告を行うことができた．今やこのような方法はいつでも通用するものではなくなった．システム管理の統制力を高めるためのアプローチは甚だしく多様化した．システム監査の依拠すべき枠組みの再構築が必要になったのである．システム構築の統制を支える規範が解体の憂き目にあえば，それと連動してシステム監査の依って立つ基盤が危機となる．このような恐れが現実化した時代を迎えたのである．

新しいシステム構築統制の枠組も新しいシステム監査の枠組みも，ともに多様なシステム構築の統制状態を受容できるものでなくてはならない．また将来の変化にも追随できる柔軟性を持たなくてはならない．本章では，社会的行為論[2)]からこの問題に迫ることとする．

6.2　情報システムの関連領域の体系

社会学には規範を社会的行為との関係で捉えてきた歴史がある．はじめに情報システムの関連領域の体系を，社会学の知見を借りながら考察する．

6.2.1　「社会的行為」概念の援用

社会的行為とは，社会的な場の中で，他の行為者との関連でなされる行

2) ここで展開する「社会的行為論」は，監査理論において従来議論されてきた「監査行為論」とは論議領界 (universe of discourse) が異なる．

為を言う．社会的行為という概念には，文化や規範により制御された目標達成への動機づけが含意されている [3]．社会学は，文化や規範の構造やその反映としての社会現象に強い関心を持つが，社会的行為はそれらの問題を具体的に解きあかすための糸口を提供するという意味で，社会学にとって強力な分析用具となっている．実際，社会学はそれを使って規範の成り立ちにも鋭くメスを入れてきた．

企業情報システムに関わる内部統制活動やシステム監査活動も，その対象が人間の組織活動である以上，社会的行為を糸口として捉えることができる．解体しつつあるシステム構築の枠組みは，内部統制およびシステム監査の対象となる行為を支える規範の解体を意味する．規範が解体してもプロジェクトは有効に進められなければならない．そのとき，何をもって「有効」と判断するかが問題となるが，規範解体状況における社会的行為として捉えると問題がうまく整理できるのである．

6.2.2 社会的行為論から見た情報システムの関連領域の体系

社会学者の副田義也 [2] は，社会学の研究対象の多様性とそれらの間の一般的相互関係を図 6.1 のように整理した．副田によれば，社会学の主要な対象は，全体的なものから部分的なものへの移行によって，① 全体社会→集団・組織→相互作用→社会的行為，② 全体社会→社会制度→社会的行為，③ 全体社会→文化→パーソナリティ→社会的行為，の 3 つの系列に整理される．

副田は，図中の具体的な対象の「割り振りはかなり便宜的，習慣的なものであり，実際には 1 つの具体的な対象は複数の主要な対象 [4] のそれぞれの下位概念になることができるはずである」としている．これは社会科学一般に共通する対象整理の方法として理解できる．

[3] 濱島朗ら [1] を参照のこと．
[4] 矩形で示した領域のこと．

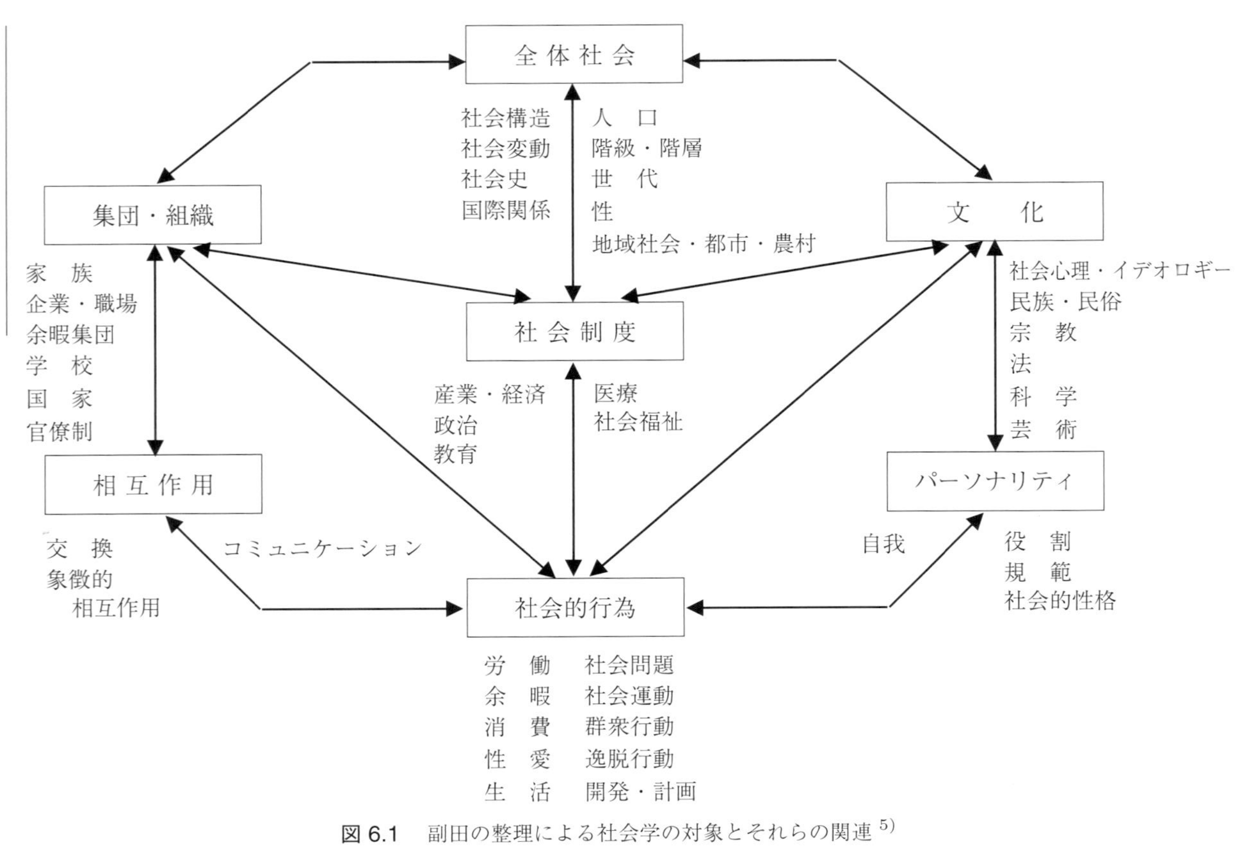

図 6.1　副田の整理による社会学の対象とそれらの関連 5)

5) 文献 [2] より転載.

副田はこれを出発点として，自身の関心である福祉社会学の対象領域のモデル化へと向かうのであるが，本章ではこれに示唆を得て，この図を情報システムの関連領域の体系図にカスタマイズしてみよう．

副田の図では，技術的な話題は文化の領域に含められる．しかし，技術革新が社会やビジネスや組織の構造に与えるインパクトは文化領域に埋没しきれない大きさを持っている．実際，かつてブームとなったリエンジニアリングは，技術革新を推進力の1つとしていた．またGAFA[6]やアリババ[7]が時代を画す技術革新により短期間で巨大企業となった事実は計りがたく重い．AI (artificial intelligence) とロボット技術の急速な発展は社会そのものを大きく変えようとしているし，ITと各業界のサービスとの劇的な融合も始まっている．ここでの関心は，システム技術の適用において発生する内部統制上の問題を検討することにあるので，技術領域を文化領域から抜き出す形で関係図を作成する．このようにして試作したのが図6.2である．この図でも，具体的な対象の主要対象領域への関連の配置は便宜的なものであり，実際には複数の主要対象領域にまたがって関連すると理解しなければならない．それにしても技術領域のキーワードは多様すぎて到底この図に書き切れないことがわかる．

図6.2は，現在の企業情報システムが，社会の情報化と連動してライフサイクルを歩みつつある状況を示している．この図を見ると，情報システム学会が2009年の設立理念で情報システムを，「情報システムは，社会，組織体または個人の活動を支える適切な情報を，収集し，加工し，伝達するための，人間活動を含む社会的な仕組みである」と包括的に概念規定 [3] した妥当性が理解できる．今や，企業情報システムは，企業の対外的責任や社会的責任と不可分の関係にある[8]．またインターネットに代表される

[6] Google, Amazon, Facebook, Apple の総称．

[7] 中国の阿里巴巴集団．

[8] 通産省（当時）のシステム監査基準は，1995年に改訂されたが，基準の目的については，旧版と同じく，「本基準は，情報システムの信頼性，安全性及び効率性の向上を図り，情報化社会の健全化に資するため，システム監査に当たっての必要な事項を網羅的に示したも

ように，個人の情報化と企業等の情報化が接点を持ち始めている．このように多様な領域と接触し，しかもそれぞれの領域がなお拡大し続ける状況にある今日，一企業の中だけの問題として内部統制やシステム監査が論じられるはずがない．内部統制およびシステム監査は，社会制度，文化，集団・組織，相互作用，パーソナリティ，技術それぞれの領域に密接にかかわる問題として総合的に捉えられなければならない．

6.3 技術的規範の解体に直面するシステム構築統制

内部統制およびシステム監査とこれらの領域との詳細な関係は別の機会に議論することとし，ここでは社会的行為における規範解体の分析枠組みを用いてシステム構築統制の現在の問題に迫ることにしよう．それは技術的規範の解体危機の問題である．

6.3.1 規範解体の捉え方

図6.2を見ればわかるように，分析対象としての規範は，ここではそれ固有の領域を持たない[9]．規範はむしろそれぞれの領域における社会的・個人的事象を個別に統制する対峙的存在として捉えられる．① 社会共通の価値意識として存在する場合は文化の領域（文化的規範），② 技術理論による合理的統制として存在する場合は技術の領域（技術的規範），③ 個人内の規律やスタイルや主義主張にとどまって統制する場合はパーソナリティの領

のである」としている．同省は比較的早くから，「情報化社会の健全化に資する」ことが企業の社会的責任となる時代の到来を認識していたといえる．通産省公報 [4] を参照のこと．

[9] 規範をどの範疇で扱うかは理論社会学において繰り返し議論されてきた問題である．副田は規範をパーソナリティに含めているが，規範はパーソナリティに内面化されて道徳心や自我理想などの規範意識となるものと，パーソナリティに内面化されず外部から裁可を備えた指示として行為者に提示されるものとがある，とするのが一般的な理解である．ここでは規範を後者の立場で捉えることにし，図6.1のパーソナリティ領域の「規範」を図6.2では「規範意識」に置き換えた．

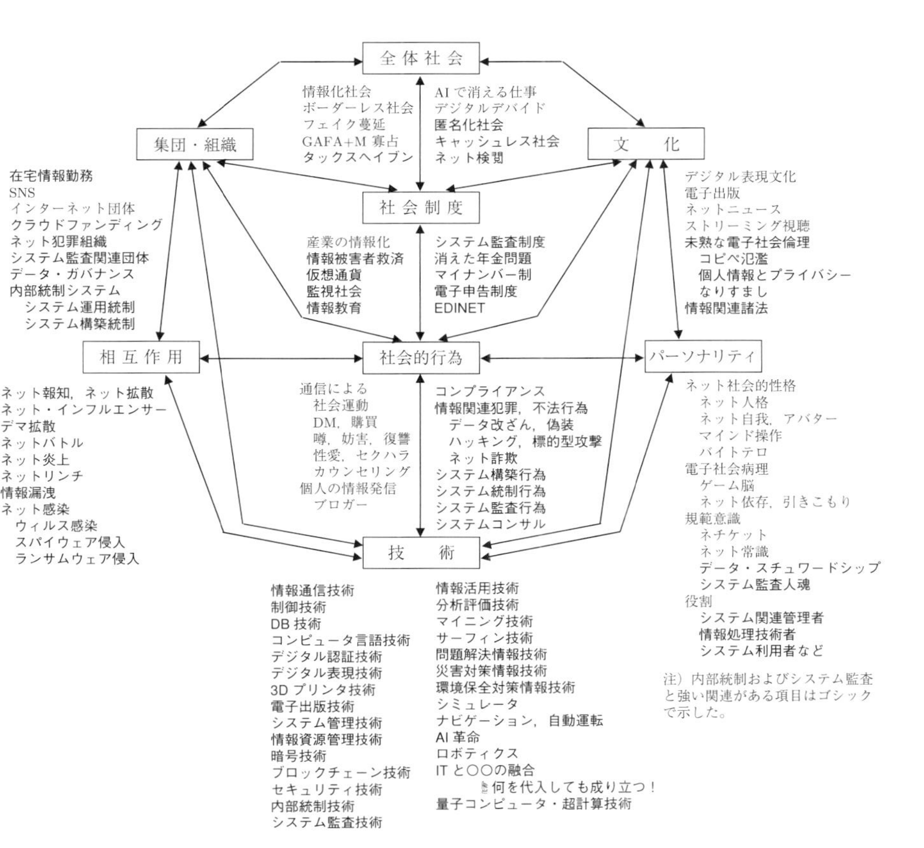

図 6.2　社会的行為論から見た情報システムの関連領域の体系

域（個人的規範），④ 行動を統制する外在的な威力として存在する場合は，その威力の源泉の違いによって相互作用の領域（相互作用的規範），集団・組織の領域（集団・組織的規範）もしくは社会制度の領域（制度的規範）として捉えられる．それぞれの規範は，しばしば相互に対立する．ひとりの行為者の中で複数の規範が対立し行為者が葛藤状態に陥る場合もある．

規範解体状況における社会的行為を述べるときは，文化的規範，技術的規範，個人的規範，相互作用的規範，集団・組織的規範，制度的規範の，どの規範が解体されたかを最初に論じなければならない．行為者は常に，自己にはたらきかける規範と向き合いながら状況を定義[10]している．行為者を統制しようとする規範がまったく存在しない場合は，定義された状況の中で，自身の中の行為オプションとして蓄積された行為パターンが意図的もしくは無意図的に選び取られることになる[11]．

6.3.2　システム構築における規範解体

システム構築は技術的行為であるから，システム構築担当者が最初に依拠しようとする規範は技術的規範であろう．ここでは，技術的規範に焦点を絞り，それが解体の危機を迎えたときにシステム構築統制やシステム監査が依拠すべきものが何であるかを考察する．

技術論的に疑問があってもシステム部門が是とするシステム構築統制基準が存在すれば，通常，システム技術者は業務命令に従ってシステム構築統制基準を遵守することになろう．システム構築統制基準が整備されていない場合は，技術的規範に依拠しようとするであろう．

しかし，現在のシステム構築は，技術的規範の不透明な時代を迎えている．システム構築統制基準も技術的規範も存在しないときは，どうするか．

---

[10] 個人が自分の状況を知覚し，その意味を解釈すること．第4章の注8) を参照のこと．

[11] ウェーバー (Weber, M.) [5] の行為類型やシュッツ (Schutz, A) [6] の自然的態度 (natural attitude) 論が参考になる．

無論，文化的規範や制度的規範の中にも依拠すべき規範は存在しない．優れた能力を持つシステム技術者の場合は，自身の力で技術体系を整備し，個人的規範として新たに確立することも可能だろう．しかし個人的規範は常に「俺流」的性格を持ち，普遍的に適用可能な規範ではない．

もし個人的規範が確立できない場合はどうするか．このときは目的合理的に「当面の」解決を図るほかないであろう．しかし，システム構築は複雑かつ多様な技術の体系的投入を必要とする．技術的規範を持たない個人が自前で目的合理的に組み立てるシステム構築手続きはほとんどの場合システム構築の途中で破綻する．すなわち，システム構築プロジェクトの場合，システム構築に関する規範が個人的規範まで解体してしまう事態は危機的な状況なのである．

6.3.3 規範解体がもたらすシステム構築統制およびシステム監査の危機

システム構築に関する規範の解体は，システム構築を統制する原理が危機的状況に陥ることをも意味する．システムの構築は，信頼性，安全性，効率性が確保されなければならないが，これまでのシステム構築方法では，信頼性，安全性，効率性[12)]の確保が保証できなくなるのである．それはシステム監査の危機でもある．

従来のシステム構築統制やシステム監査は，多分に伝統的なシステム構築手法に依存してきたきらいがある．第三者的な立場からかかわろうとするシステム監査の場合，特にそうである．伝統的なシステム構築手法への準拠性をチェックすれば一定の成果を上げることが可能だったからである．逆に言えば，伝統的なシステム構築手法の持つ卓越した技術的信頼性は，システム監査人が百戦錬磨の受査側システム技術者に対し発言権を示すための有効な武器ともなっていた．システム構築に関する技術的規範は，システム技術者とシステム監査人の共有規範であるがゆえに，それに依拠して

[12)] 動機の方向づけいかんでは有効性や革新性，さらには戦略性も．

のシステム監査はシステム技術者に対して説得力を持ちえた．技術的規範の解体は「何に準拠してシステム構築すべきか」が不透明になったことを意味する．準拠すべき技術的規範そのものが解体したのである．しかしそれに取って代わるべき新たな技術的規範は易々と確立しない．システム監査人は従来とは別の視点でシステム構築の統制の監査にアプローチしなければならないのである．

6.4 技術変化を柔軟に受容できる統制枠組みによる対処の可能性

システム構築の技術は，今後とも多様化する．また 1 つひとつの技術ライフは短くなる．特定技術の適用を前提とする従来型のシステム構築統制基準の構造では，統制基準のメンテナンスが技術変化に追いつけなくなる．特定技術の適用を前提とする構造を持つシステム監査もまた，技術変化に追いつけなくなる．しかし，システム構築の統制の枠組みとシステム監査の枠組みの表裏一体関係は今後とも変わらない．ではどうすればよいか．技術変化を柔軟に受容できるシステム構築の統制枠組みが確立できれば，システム監査もまたライフの長い有効な枠組みを手にすることができるのである．

筆者が第 3 章で整理した 4 つの要件統制と 3 つの自己組織統制はそのための管理用具である[13]．以下，再掲しよう．

4 つの要件統制：RqC (requisite controls)

RqC-A：プロジェクトで必要な諸資源の調達・動員の保証

RqC-G：プロジェクトの目標の設定と宣言

---

[13] 著名なシステム開発方法論も，時代とともに技術変化に適応するための抜本的な見直しが当然求められるが，4 つの要件統制と 3 つの自己組織統制に関して蓄積されたノウハウは，その普遍性において新しいパラダイムに移っても活用財産として継承されるはずである．

RqC-I ：プロジェクトの組織結合度の強化
RqC-L ：プロジェクト運営に対する明確なコンセプトの供給

これら RqC-AGIL は，システム構築がプロジェクト組織によって運営される限り不可欠のものである．

3 つの自己組織統制：SoC (self-organization controls)
SoC-D：データの分析・設計における「One fact in one place の要請」
SoC-P：プロセスの分析・設計における「情報授受関係の要請」
SoC-V：システム化の経営価値の分析・評価における「利害関係の調整の要請」

これら SoC-DPV は，情報システムが経営組織を情報化するものである限り避けられないテーマである．

それでは，システム技術の変化によってシステム構築の統制のどこが変化するのだろうか？

システム技術の変化は，以下の 2 つの面から捉えることができる．

① 構築システムの構造管理モデルの変化
② システム構築技術の手法的変化

6.4.1　システム構築対象の構造管理モデルの変化

システム構築対象の構造管理モデルの変化は，システム構造そのものを構築しやすく保守しやすいものへと変えていく技術変化である．システム構造を捉えるモデルは，構造化分析→データ中心アプローチ→オブジェクト指向設計の順に登場しているが，後者は前者を必ずしも否定するのではなくむしろ別の視点から捉え直したような位置づけとなっている．

アーキテクチャの変化に目を向けると，クライアント・サーバ環境におけるオープンシステム構築を皮切りとする新しい枠組みとして，デスクトップ層＋アプリケーション層＋データベース層の分割構築統制の理念がデファクト標準となった[14]．しかし間もなく，それを追い越すようにイントラネット技術を応用したアプローチが急速に進んだ．その後のことは説明不要だろう．21 世紀を迎えるとインターネットの能力向上に励まされて，様々なアーキテクチャを前提とする構築アプローチ[15]が生まれて今日に至った．

システム構築統制やシステム監査の関係者としては，このような技術変化が，情報システムの信頼性，安全性，効率性，ひいては有効性，革新性，戦略性にどのように影響を与えるかについて多大な関心を持たなければならない．

6.4.2 システム構築技術の手法的変化

システム構築技術の手法的変化は，主にシステム構築の品質向上と効率化を指向した技術変化の色彩が強い．システム構築は通常，チーム作業として行われ，そこではプロジェクト要員の創造力と洞察力に多大な期待がかかっている．チーム作業で発生するコミュニケーション・エラーや，人間の洞察力の限界によるシステム統合化ミスについては，生産性向上ツールやリポジトリを活用した機械的支援による予防措置を考えてよい．また試行錯誤によるユーザインタフェース仕様の確定については，プロトタイプツールによる作業効率の向上が期待できる．

これらのツールは，それが目論見通り機能するのであれば，システム構築の信頼性，安全性，効率性を高めるものとして歓迎すべきものである．この場合は，ツール適用時に陥りがちなヒューマン・エラーに関心を注ぐことが次の課題となる．

いずれにせよ新しいシステム構築技術の導入は，4 つの要件統制および

---

[14] 岡田英明 [7] および藤沼彰久ら [8] 等を参照のこと．

[15] その動向のうち，クラウド・サービスを前提としたアプローチについては，文献 [9] の整理が参考になる．

3 つの自己組織統制の双方の運営について，導入ツールが固有に持つ成果物モデルの影響を考慮しなければならない．

6.4.3 技術的規範の解体状況におけるシステム監査

このような技術変化の状況の中で，システム監査人はいかにシステム構築の統制状況を調査報告し，改善勧告していけばよいのか．技術的規範はすでに解体している．しかし，4 つの要件統制と 3 つの自己組織統制は，依然として残っている．つまり，技術変化が影響するのは，これらの統制の運営方法だけである．そこで，システム監査人としては，4 つの要件統制と 3 つの自己組織統制の運営の適切さに分析のメスを当てればよい．詳述は割愛するが，具体的には次のような手続きとなる．

(1) 4 つの要件統制が十分に整備されたプロジェクトであるかどうかを確認

1a) 4 つの要件統制を担う PM，SM，UM，E/MM がプロジェクト体制の中で定義されているか．

1b) 4 つの要件統制を担う PM，SM，UM，E/MM それぞれにふさわしい技術と見識と経験を備えた人材が調達されているか．

1c) 4 つの要件統制を担う PM，SM，UM，E/MM に調達された人材は，プロジェクトのミッションと課された役割を，十分に理解しているか．

1d) 4 つの要件統制を担う PM，SM，UM，E/MM に調達された人材は，課された役割を，十分に果たすための権限と工数が確保されているか．

1e) 4 つの要件統制を担う PM，SM，UM，E/MM に調達された人材が十分に役割を果たすための手続きが綿密に定義され承認されているか．

1f) 4 つの要件統制が十分に機能しているかどうかを自己点検できるための仕組みが確立しているか．

1g) 4 つの要件統制が十分に機能しない場合の対処の方法があらかじめ定義され承認されているか.

(2) 3 つの自己組織統制が十分に整備されたプロジェクトであるかどうかを確認

2a) 3 つの自己組織統制を担うそれぞれの成果物が，自己組織統制機能を十分に備えたものとして標準化されていることを確認する.

① データの分析・設計の成果物ルールは,「One fact in one place の要請」を表現する機能を備えているか.

② プロセスの分析・設計の成果物ルールは,「情報授受関係の要請」を表現する機能を備えているか.

③ システム化の経営価値の分析・評価の成果物ルールは,「利害関係の調整の要請」を表現する機能を備えているか.

2b) 3 つの自己組織統制成果物に関する成果物ルールが，十分に作業者に理解されていることを確認する.

① データの分析・設計の成果物ルールは，作業者が十分理解しているか.

② プロセスの分析・設計の成果物ルールは，作業者が十分理解しているか.

③ システム化の経営価値の分析・評価の成果物ルールは，作業者が十分理解しているか.

2c) 3 つの自己組織統制成果物がルール通り作成され，作業者が逸脱した作業を行わないための予防保全体制が整っているか.

① データの分析・設計は，作業者が成果物ルールを逸脱することなく作業しているか．また逸脱事例に対しては，迅速な対応がとられているか.

② プロセスの分析・設計は，作業者が成果物ルールを逸脱することなく作業しているか．また逸脱事例に対しては，迅速な

対応がとられているか.

③ システム化の経営価値の分析・評価は，作業者が成果物ルールを逸脱することなく作業しているか．また逸脱事例に対しては，迅速な対応がとられているか.

以上は，自己防衛的な内部統制の動機に従う監査ポイントだが，技術適用のミッションが自己革新的な内部統制の動機を含む場合は，無論，一定の制約の下での既存標準の創造的破壊が許されることになる.

ただし，システム監査人に，自己組織統制の整備状況を分析する能力を期待することは，技術的専門性の見地から一般にむずかしいように思われる．たとえば，データ中心アプローチを実践していると自称する企業の中には，システム技術者の反発を避けるためにあえて自己組織統制力を弱めた作図ルールで実践しているところもあると聞くが，データ中心が徹底していない分だけ導入メリットが損なわれている．しかし，そのことを見抜けるのは，データ分析の本質をよく理解し適用経験も豊富な人間だけであろう．その分野の専門家でないシステム監査人としては，やはりデータ分析を熟知した人間による何らかのサポートをあらかじめ確保しておく必要がある．システム監査側もまた，技術的規範の解体の時代には，それに耐えうるエキスパート体制が必要となるのである.

6.4.4　規範解体における内部統制の動機確認とシステム監査

内部統制の動機づけに関しては，従来のシステム構築がとかく品質やコストの面で問題化されやすかったことから信頼性，安全性，効率性への動機が強かったのに対し，現在は経営戦略の一部として動機づけられることが多くなったことを考慮し，本書では第 4 章で詳しく論じたように，自己防衛的な内部統制と自己革新的な内部統制の両方の動機成分から考察する枠組みを用意してきた.

自己防衛的な内部統制：SD (self-defensive)

SD-I (inhibition) 抑制機能……不正を起こそうとする意図を排除し抑制

SD-P (prevention) 防止機能……不正，誤謬，事故の発生を防止

SD-D (detection) 検出機能……不正，誤謬，事故の発生を早期に検出し報知

SD-R (restoration) 復旧機能……不正，誤謬，事故の状態から復旧処理

これら SD-IPDR では，信頼性，安全性，効率性への関心が強い．

自己革新的な内部統制：SI (self-innovative)

SI-E (encouragement) 奨励機能……向上改善と革新への試みを奨励

SI-C (credit) 担保機能……向上改善と革新への失敗に対する担保を事前保証

SI-S (suggestion) 示唆機能……向上改善と革新への手がかりを継続的に提供

SI-B (buildup) 叱咤機能……向上改善と革新への忍耐強い挑戦を促す

これら SI-ECSB では，有効性，革新性，戦略性への関心が強い．

規範の解体は規範を頼りとしてきた者には危機だが，そうでない者もいる．人はいろいろの受け止め方をする．ある者にとっては新たな行動の機会と映ることすらある．システム構築の技術的規範の解体が，自己防衛的な内部統制と自己革新的な内部統制のどちらを誘導するかは，管理者の統制関心によるところが大きい．規範の解体によって「危ない橋は渡りたくない」と考える管理者もいれば，「今だから冒険できる」と考える管理者もいる．

この場合，システム監査人は，どちらの内部統制動機が望ましいかをアプリオリに判断してはならない．はじめに確認すべきことは，施主の内部統制動機とシステム構築プロジェクトの管理関係者[16]の内部統制動機が

[16] 特に PM, UM, SM の三者．

どこまで一致しているか，である．一致していない場合は，経営組織が円滑にコミュニケーションできていない可能性を疑う必要がある．

施主の内部統制動機とシステム構築プロジェクトの管理関係者の内部統制動機が一致している場合は，内部統制動機が実際のシステム構築手続きにきちんと反映しているかどうかの確認を行う．特に，自己革新的な内部統制動機で一致している場合は，自己革新の試みが空中分解して自己崩壊を招かないための歯止め策が手続きの上で確保されているかどうかを慎重に確認するプロセスが必要である．

6.5 システム監査とシステム・コンサルテーション

受査側に，統制力あるシステム構築基準があれば，システム監査人はそれに従ってシステム監査すればよい．受査側にシステム構築基準がない，また，あっても統制力が期待できない場合は，システム監査人が依拠できる一般的な技術的規範があれば安定したシステム監査は可能である．どちらの場合もシステム監査は，受査側にとっても第三者的な立場からのシステム監査というイメージで受けとめられやすい．

ところが，システム構築の技術的規範が解体してくると，システム監査は，一見，システム監査人が固有に保有する個人的規範ないし帰属監査法人の標準的・組織的規範を受査側に押し売りしているかの印象を受けやすくなる．こうなると受査側では，システム監査を受けているのかシステム・コンサルテーションを受けているのかが判然としなくなってくる．そこで，両者の性格的違いについて簡単に触れてみよう．

いずれも，システム構築の統制力を高めるための指導機能を持つという点では同じである．ここではシステム構築に対するシステム監査を，「動機づけられたシステム構築統制の実現性の確認」の観点で行うものとして理解する．これに対し，システム・コンサルテーションは，システム構築を適切に行うために行われる「問題の指摘とより良き解決案への教導」であると理解できる．またシステム監査には，会計監査ほど明確ではないにしても，システム監査の実施による受査側の責任の正式な解除という機能があるのに対し，システム・コンサルテーションにはそのような機能はない．システム・コンサルテーションは，常に個人的規範もしくは彼の帰属するコンサルテーション・ファームの標準的，組織的規範の随意的適用が許される．このことはシステム構築の技術的規範の解体いかんを問わない．

4つの要件統制と3つの自己組織統制は，システム構築の技術的規範が解体しても残り続ける統制要素である．それは，システム構築そのものに帰属する統制要素であるが故に安定している．システム監査人は，これらの統制要素の統制状況を「動機づけられた統制の実現性」に照らして分析評価すればよい．その場合，上で述べたような手続きに従って4つの要件統制と3つの自己組織統制の整備状況を確認する限り，システム監査がシステム・コンサルテーションの性格を帯びることはない．しかし，もし4つの要件統制と3つの自己組織統制の運営方法について，特定のモデルを規範的に提示しながら改善勧告する場合，その行為はすでにシステム・コンサルテーションの性格を帯びていることになる．

システム監査は，以前から，システム・コンサルテーション的な機能を求められることがあった[17]が，結論を急いではならない．システム構築に内在する統制要素の観点から所与の内部統制動機を満たす手続きの有無を確認する視点さえ失わなければ，システム監査は技術的規範が崩壊してもなお独自に実施可能である．つまり，システム監査には，システム構築を「有効」に行うための土台となる基本的統制要素の存在を確認する意義がある．そして，それらの統制要素の手続きをいかに有効なものとすべきか，という関心において，システム監査はシステム・コンサルテーションに取り継がれるべきものである．

---

[17] 文献 [10] を参照のこと．

6.6 規範解体の危機から脱出し規範創出へと向かう社会力への期待

規範は一方的に与えられるものばかりではない．社会環境が激変するときに規範が頑なままであるとすれば，規範は規律ある組織活動を促す指導性を失い自ずと形骸化して解体に向かう．このとき，もし社会組織が存在意義を失った既存の規範にしがみつこうとせず，組織要員が共に協力して頼るべき規範を自ら創出しようとすれば，それは所属組織を主体性に優れた体質へと変革する機会にもなる．このように規範創出を促し所属組織を変革する内発的な推進力を教育社会学者の門脇厚司 [11,12] は，「社会力(social competence)」と呼び，様々な事例分析を行った．

このことは本章で取り上げたシステム構築の世界にも当てはまる．それを以下で示そう．

すでに述べたように，規範解体の状況にあっても RqC：要件統制と SoC：自己組織統制の統制連携が確保されれば，それなりのプロジェクト品質は期待できる．しかしそれは相当の努力と力量を要する事態であり，縄の切れかかった吊り橋を渡るような状態であることに変わりない．放置すればアノミー（anomie：規範解体による混乱状態）に陥る危険がある．施主がプロジェクト関係者をこの危険な状態に晒し続けることは許されない．

もし施主がそのことを自覚すれば，施主のするべきことは 1 つしかない．第 2 章の最後に述べたような情報資源管理の旗振り役を抜擢し，危機を脱出する道として，新たな規範の創出を特命することである．このとき大切なことは，旗振り役の試行錯誤的な取り組みに対し，関係者全員が理解を示し，寛容を以て忍耐強く誠実に力を貸すことを促す環境を与えることである．これは施主の仕事である．

この取り組みは一般に難度の高い仕事となるが報酬も大きい．もしこの取り組みで真に信頼に足る新たな規範が創出できれば，その企業は，新しい規範という実体以上のものを手に入れたことになる．それは，規範を創出できる社会力の獲得である．このような社会力を獲得した組織は持続的な自己革新が行えるようになる．これこそが情報資源管理のコア・コンピタンス（core competence：他社と差別化できる能力）にほかならない．

良い手本がある．第 1 章で解説したシノットやブライス父子の情報資源管理モデルは，彼ら自身（シノット本人やミルト・ブライス）が企業組織に身を置く中で旗振り役として規範創出に取り組んだ成果だった．彼らは所属企業にあって新たな規範を創出したと同時に，その企業に新たな社会力を生み出した．彼らに倣えば，あるいは彼らのような巨人の肩に乗って自らのビジョンを展望すれば，規範解体の危機を脱出して新たな規範を創出する道は開けるのである．

なお，ここでの規範創出そのものは第 4 章で取り上げた自己革新とは別の営みである．自己革新は挑むべき規範が厳然と存在している所から始まるのに対し，規範創出は対峙すべき規範が解体ないし喪失した状態から出発する．このように違う両者だが，通底する関係がある．もし規範が強い指導性を誇示している頃から自己革新的な動機を受け入れてきた組織文化であれば，規範解体の局面を迎えたとしても規範創出への取り組みは俊敏に開始できたはずである．そうでなく自己防衛的な動機による支配が伝統的な組織文化であれば，規範解体の局面を迎えたときの規範創出への取り組みはむずかしい道のりとなることが予想される．

第7章

情報資源管理とシステム構築統制 —その探究的再考について—

7.1 情報資源管理への期待の顛末

本書では，今も混迷する情報システム構築の現状を踏まえ，その打開策を提供する理論作りを目指し，情報資源管理とシステム構築統制のあるべき営みを探究的に再考した．ここでは，これを振り返りつつ展望を述べる．はじめに，情報資源管理への期待とその後の顛末について一瞥する．

ディーボルド (Diebold, J.) の「1980 年代に躍進する企業は情報を主要な資源として認識し（…中略…）構造管理する会社である」という 1979 年の予言 [1] は，当時の社会の耳目を集めたが，これは裏を返せば，人，もの，カネにあたるものが経営資源としてすでに社会的認知を受けていたことを示唆する[1)]．経営行動が自らのアクセスで動員可能な経営資源の有効管理を土台としているという考えは，当時のビジネス大国の牽引者たちにとって常識であったといえる．第 2 章で詳しく述べたように，彼やホートン (Horton, F. W.) は，その常識に知見を加え，「情報資源管理」という

1) ディーボルドはここで「情報は資産や労働に匹敵する価値ある資源」と述べ，また別の書 [2] では「効果的な情報資源のマネジメントとは，労働，資本，工場，設備といった，ほかの経営資源と同様に情報を扱い，技術的な能力と人的資源とを融合させることである」と述べた．彼は俗にいう人，もの，カネの全般を情報に対置する資源として認識していたと考えてよいだろう．

新たな道を開いた．このとき彼らは，経営資源へのアクセス手段としての情報ないし情報システムの地位の急速な高まりを鋭く予見していたのである．メディア論の大御所であるマクルーハン (McLuhan, M.) [3] がコミュニケーションの手段であるメディアを人間の感覚の拡張として捉える見方を提示したのは 1964 年であったから，経営資源にアクセスするメディア（媒体）が情報資源であるという基礎的理解も当然彼らにあったであろう．

その後の情報資源管理の思想がどのような道を歩んだかについては，第2章で詳しく論じた通りである．企業情報システムの世界の情報資源管理は茨の道となり，我が国では特に酷く，現在では死語同然の扱いである．そして我が国の情報システムの構築は，手法とアプローチが林立する群雄割拠の世界に逆戻りしてしまった．

7.2　情報資源管理の実現手段としてのシステムの構築統制

第1章で論じた通り，情報資源管理の思想はいたって常識的であり，本来は誰にとっても受け入れやすいモノの考え方である．だが企業情報の場合，経営資源のアクセス手段である情報システムの構築は，寄せる期待が大きければ大きいほど難関であった．システム構築を依頼する施主や施主の代理人である利用者はわがままであり，要求は変転し，錯誤や間違いを犯すこともある存在であった．かたや情報システムは装置的性格を持つ構造物であり，構築にも修正にも手間がかかる存在であった．利用者の利害意識や行動特性とどのように折り合いをつけてシステム構築の落とし処を技術的に得るか．それは簡単な課題ではなかったのである．

このような拮抗は今も変わらない．筆者が主張 [4, 5] するように，情報システムの要求分析は「論理的整合性と情緒的不合理性と打算的利害性が錯綜する総合技術の工程であり，理論的整備という面では未踏の地のまま新時代を迎えてしまった」というのが現実である．この四半世紀を振り返ると，論理的整合性の側面については，ファウラー (Fowler, M.) [6]，シルバーストン (Silverston, L.) [7]，ヘイ (Hay, D.) [8] らのパターン・アプローチが分析や生成の技術を進展させたし，構築アプローチについても多種多様な手法が生まれた．だが情緒的不合理性と打算的利害性の問題を視野に入れた全般としてみれば，利用者の要求に叶った情報システムの構築という課題の難しさを正面から突破する特効薬とはならなかった [2)]．情報システムの構築が，利害関係者どうしの協力によって互いの資源を出し合って進む性格は依然として変わらない．だが，それをどのように上手く運営するかという課題は今に至るまで残っているのである．

そこで筆者は，情報システムの構築もまた経営行動の一部であることに着目し，これを社会的行為の一類型と見なすことで社会学理論の援用を試み，その成果を第 3 章に示した．その際に最も参考としたのは，ベールズ (Bales, R. F.) [10] の課題解決集団の観察に着想を得てパーソンズ (Parsons, T.) らが鮮やかに整理した社会システムの 4 要件図式 [11] である．これは俗に AGIL モデルと呼ばれており，社会集団から個々の組織行動まで普遍的に認められる構造として社会学研究の支配的パラダイムの 1 つとなった．その知恵を借りて作ったのが要件統制 (requisite controls) である．システム構築プロジェクトもまた課題解決集団の営みである以上，要件統制の図式は，古典的なウォーターフォール型，最近人気のアジャイル型，ERP などを適用したソフトウェアパッケージ前提型，今後急速に普及するクラウド・サービス適用型などのアプローチを問わず，時代を超えて適用可能な原理である．

また，要件統制の源泉には，規範への従属を促す自己防衛的な動機とは別に，規範を理念的に批判して新たな変革を促す自己革新的な動機の存在も認めるべきであり，両者が適度に緊張することで質の高いシステム構築

---

2) 林立するアジャイル手法群を鳥瞰した安藤正芳 [9] は「アジャイル開発をどう取り入れれば失敗せずに済むのか．そのヒントになるはず」とコメントしたが，この控えめの発言はアジャイルもまだ決定打に至っていないことを間接的に証ししている．

が目指されるはずである，という新たな視点を見出した．この視点はパーソンズのAGILモデルから導けないので，山村 [12] の深い洞察を借りて独自に敷衍させた．これについては第4章で詳しく論じた通りである．

いずれにせよ，AGILモデルが適用可能なのは，プロジェクトを適切に遂行するための要件統制のモデル化までであり，それだけでは現場の動きまで統制できない．ましてや関係部門のどこかが「上に政策あれば下に対策あり」[3] の態度を隠していたらプロジェクトの品質は保証しようもない．そこで筆者は，情報システムの品質の決め手となる3つの仕様成果物（① データの分析・設計の成果物，② プロセスの分析・設計の成果物，③ システム化の経営価値の分析・評価の成果物）を定め，表現力と記述規定力に優れた図法を選んだ上で，これらに現場統制のセンサー的働きをさせる方法を具体的に示した．これらの成果物には，それ自身の表現力と記述規定力により，現場担当者の意図的／無意図的な逸脱行為を自ら露見させる機能がある．筆者はこの機能による現場統制を自己組織統制 (self-organization controls) と呼ぶが，これに要件統制を補助させる役割を与えたのである．

筆者の目論見は，要件統制と自己組織統制を併用した，いわば外と内からの統制により，システム構築プロジェクトを確実に進めさせることにあったが，その検討結果である統制枠組みは第3章から第6章で示した．その後半の第5章では，要件統制側からの資源動員の要請に対するリアクション主体の行動を検討した上で，現場の実状を理由とする統制への逸脱主張に対処する考え方を原理的に述べた．第6章では，統制行為が依拠する規範が解体の危機にある場合でも，要件統制と自己組織統制に基づくプロジェクトの維持管理は可能であることを述べた．そして，施主の責任で新たな規範を創出して規範解体の危機を脱出する道も示した．

また本書の各所で，筆者が創案した統制枠組みがシステム監査に新たな参照モデルを提供する可能性についても述べた．

---

[3] 中国の有名な決まり文句「上有政策，下有対策」の訳．

7.3 情報資源管理の実現に向けて

上のことからわかるように，情報資源管理という概念を理解したら直ちに情報システムの構築に劇的な変化が起きるわけではない．この思想自体には，そのような即効性はない．むしろ，実践の道は険しいともいえる．実践するには，筆者がモデルとして提示したような，要件統制と自己組織統制の両側面からの整備は欠かせない．その整備責任者たる旗振り役には決然たる任務遂行が求められるし，その道は時として孤独や懊悩を伴うものになるかもしれないが，第2章で述べたように，達成目標を「先取された結論」として共有し，その実現に向けて組織を挙げてコミットメントする者にのみ，情報システムの女神はその微笑を約束する，といった性質の仕事である．当然のことながら施主は，旗振り役が動きやすい環境を与えなければならない．

システム構築が多様な利害関係を背景に持つ部門間の調整を伴うものである以上，そのプロジェクトは何らかの「折り合い」が避けられず，資源面の制約もあるので，関係者全員が一点の曇りもなく大満足する夢のような現実解などありえない．しかし経営資源の一部を割いて賭そうとする動機には，「今よりも良い現実解が存在するはずである」という背後想定 (background assumption) [13][4] が必ずある．その希望と確信に導かれ，突き動かされて，最善の情報システムを見出そうとする責任集団のプロジェクト活動を，首尾良く着地点まで運ぶための管理思想が情報資源管理であり，その実践のためのシステム構築統制の仕組みが本書で見出した要件統制と自己組織統制の連携であった．

情報資源管理とシステム構築統制は，ともに本来は施主の発意と責任において整備すべき思想であり統制機構であると筆者は考えている．その意

[4] 社会学者のグールドナー (Gouldner, A. W.) の提唱した概念で，理論を作るときに支配的な影響を与える当事者にとって自明なこと．このようなことは日常生活者にも存在する．岡田直之ら [13] の翻訳以来，background assumption は「背後仮説」が定訳となったが，仮説という語は hypothesis を連想させるので本書では「背後想定」と訳す．

味で本書の成果については施主の本来の力を取り戻す足掛かりとして活用されることを期待する.

参考文献

第 1 章

[1] 中野収,『現代人の情報行動』, NHK 出版, 1980.

[2] 吉田民人,「個人の情報科学」, 吉田民人;加藤秀俊;竹内郁郎,『社会的コミュニケーション』, 培風館, 1971, pp.194–249.

[3] Synnott, W. R., *The Information Weapon: Winning Customers and Markets with Technology*, John Wiley & Sons, 1987. = 成田光彰(訳),『戦略情報システム——CIO の任務と実務』, 日刊工業新聞社, 1988, pp.201–205; pp.282–294.

[4] Bryce, M.; Bryce, T., *The IRM Revolution: Blue Print for the 21st Century*, M. Bryce & Associates, 1988. = 松平和也(監訳),『IRM——情報資源管理のエンジニアリング』, 日経 BP 社, 1990.

[5] [4], p.39.

[6] 松平和也, "PRIDE 方法論, 世に出る",「昔昔にこんなことがありました (その 1)」(第 5 項　所収),『情報システム学会　メールマガジン』(理事が語る　分担執筆), no.02–04-[1], 2007.7.25.

[7] [4], pp.7–10; pp.211–212.

[8] [4], p.38.

[9] 安保栄司（編著），『ロジスティックスの基礎』，税務経理協会，1998，pp.257–258.
[10] 木村眞実，「“マテリアルフロー”による環境管理会計の生成・発展——“クリーナープロダクション”の考え方」，『徳山大学論叢』，vol.72，2011.6.
[11] Nolan, R. L., “Managing the Crises in Data Processing,” *Harvard Business Review*, vol.57，no.2，1979.3，pp.115–126.
[12] [4]，p.30.
[13] Targowski, A., *The Architecture and Planning of Enterprise-Wide Information Management Systems*, Idea Group Publishing, 1990, pp.70–72.
[14] Codd, E. F., “A Relational Model of Data For Large Shared Data Banks,” *CACM*, vol.13，no.6，1970.6.
[15] Diebold, J., *Managing Information*, 1985. = 千尾将（訳），『企業の情報武装戦略』，産業能率大学出版部，1987，pp.48–49.
[16] 日本情報処理開発協会（編），『改訂新版システム監査基準解説書』，日本情報処理開発協会，1997.

第2章

[1] Diebold, J., “Information Resource Management: the New Challenge,” *Infosystems*, vol.26，no.6，1979.6，pp.50–53.
[2] 日本生産性本部；日本電子計算開発協会（共編），『アメリカのMIS　訪米MIS使節団報告書』，ぺりかん社，日程表の頁，1968，pp.269–273.
[3] 日本情報処理開発センター，『米国における情報処理の実態』（情報処理実態調査団報告書），1968.8，p.7.
[4] 第1章 [11].
[5] 岡本哲和，「アメリカ連邦政府における情報資源管理政策——1980年文書業務削減法を中心として——」（上；下），『関西大学法学論集』，関

西大学法学会，vol.42，no.5; 6，1992; 1993.

[6] 古賀崇,「岡本哲和『アメリカ連邦政府における情報資源管理政策：その様態と変容』関西大学出版部，2003.3」(書評)，『レコード・マネジメント』，no.48，2004，pp.91–95.

[7] http://www.archives.gov/federal-register/laws/paperwork-reduction/3501.html，(2019.10.5. 閲覧).

[8] Commission on Federal Paperwork, *A Report of the Commission on Federal Paperwork: Final Summary Report*, 1977.10.3, p.56.

[9] Leong-Hong, B. W.; Plagman, B. K., *Data Dictionary/Directory System*, John Wiley & Sons, 1982. = 穂鷹良介（監訳），成田光彰（訳），『データディクショナリ／ディレクトリシステム』，オーム社，1986，監訳者前書き.

[10] United States Environmental Protection Agency, *Information Resource Management*, EPA/IMSD-85-003, 1985.11.

[11] [10]，p.8.

[12] "Dr Forest Woody Horton, Vice President of the international Federation for Information and Documentation (FID), talks to Dr Philip Hills," *International Journal of Information Management*, vol.16，Issue 1，1996.2，pp.3–7.

[13] Horton, F. W. Jr., "Management of Information Resource Management Studies," *Proceedings of 7th Mid-year Meeting of Asis*, May 21–24，1978.

[14] [10]，p.6.

[15] Horton, F. W. Jr., "The Paperwork Reduction Act of 1980-Reality at Last," *Information & Record Management*, vol.15，no.4，1981.4，pp.10–11; pp.52–53.

[16] Caudle, S. L., "Federal Information Resources Management after the Paperwork Act," *Public Administration Review*, vol.48，no.4,

1988.7–8, pp.790–799.

[17] 古賀崇,「アメリカ連邦政府における情報資源管理政策の変遷：書類作成軽減の手段から電子政府の基盤へ」,『レコード・マネジメント：記録管理学会誌』, no.40, 2000.3, pp.9–16.

[18] http://www.state.gov/m/irm, (2019.10.5. 閲覧).

[19] https://www.facebook.com/AFFIRM.org/, (2019.10.5. 閲覧).

[20] http://www.stateinformAtion.com/index.html, (2019.10.5. 閲覧).

[21] 第 1 章 [3].

[22] Synnott, W. R.; Gruber, W. H., *Information Resource Management: Opportunities and Strategies for the 1980's*, John Wiley & Sons, 1981.

[23] 松平和也,「米国のデータ管理はどこまで進んでいるか」,『事務管理』, vol.25, no.2, 日刊工業新聞社, 1986.2, pp.24–30.

[24] Chen, P. P., "The Entity-Relationship Model—Toward a Unified View of Data," *ACM Transactions on Database Systems (TODS)*, vol.1, Issue 1, 1976.3.

[25] Chen, P. P., "エンティティ・リレーションシップ法",「5 人のエキスパートが語るソフトウェア工学の方法論」(分担執筆),『日経バイト』, 1989.10, pp.338–342 所収.

[26] 岡田英明,『戦略情報システムの構築』, 日刊工業新聞社, 1990, pp.89–94.

[27] IRM 研究会（編),『情報資源管理ハンドブック』, 小学館, 1991.12.

[28] Kull, D., "The Dawn of IRM," *Computer Decisions*, vol.14, no.10, 1982.10, pp.94–108; p.188.

[29] 第 1 章 [4].

[30] 宇佐美寛,「道徳的思考における言語記号の喚情的機能」,『教育哲学研究』, vol.1960, no.2, 1960, pp.47–65.

[31] Austin, J. L., *How to Do Things with Words*, Harvard University Press, 1962. = 坂本百大（監訳),『言語と行為』, 大修館書店, 1978.

[32] 児玉公信,「情報システムサイクルと原要求の記述」,『日本情報経営学会誌』, vol.28, no.2, 2007.

[33] 雑賀充宏; 児玉公信,「施主中心の開発プロセスに関する一考察」,『情報処理学会研究報告』, vol.130, no.4, 2014.12.

[34] Vincent, D. R., *The Information-Based Corporation: Stakeholder Economics and the Technology Investment*, Irwin Professional Pub, 1989. = 真鍋龍太郎（訳),『インフォメーション・ベースト・コーポレーション——情報を基盤とした会社』, ダイヤモンド社, 1993.

[35] Vincent, D. R., "How You Can Build an Information Based Organization," *Computerworld*, vol.24, no.11, 1990.3.12, p.71.

[36] 第 1 章 [15], pp.61–62.

[37] 間瀬啓充,「形而上学成立の宗教的根拠について——自然神学と啓示神学のかかわりの構造——」,『宗教研究』, 日本宗教学会, no.239, 1978, pp.57–60.

[38] Popper, K, *Logik der Forschung*, Mohr Siebeck, 1934. = *Philosophy of Science*, Hutchinson & Co., 1959. = 大内義一；森博（訳),『科学的発見の論理』（上；下), 恒星社厚生閣, 1971；1972.

第 3 章

[1] 中西昌武,「SIS 管理のパラダイムと技法」,『事務管理』, vol.30, no.9, 1991.8, pp.54–56.

[2] Parsons, T.; Bales, R. F.; Shils, E., "Phase Movement Relation to Motivation, Symbol Formation, and Role Structure," Parsons, T.; Bales, R. F.; Shils, E., *Working papers in the theory of action*, Free Press, 1953, pp.182–208.

[3] Bales, R. F., "A Set of Categories for the Analysis of Small Group Interaction," *American Sociological Review*, vol.15, no.2, 1950.4, pp.257–263.

[4] 桑野恭二；中西昌武，「方法論定着のための教育論」，『Computer Report　臨時増刊』，1989.10. pp.21–26.

[5] *A Guide to the Project Management Body of Knowledge (PMBOK® guide) 5th edition*, Project Management Institute, 2013. =『プロジェクトマネジメント知識体系ガイド（PMBOK®ガイド）第 5 版』，2014.

[6] 高橋信也，「PMO は変幻自在な“カメレオン”だ」，『日経 xTECH』，2007.10.3.

[7] 宇佐美寛，『思考・記号・意味——教育研究における「思考」』，誠信書房，1968，pp.26–35.

[8] 技術士ソフトウェア研究会（編），『ソフトウェア生産工学ハンドブック』，フジテクノシステム，1991，p.762; p.776.

[9] EDP 監査人協会東京支部（編），『システム監査ガイドライン』，日経マグロウヒル，1985，pp.63–67.

[10] 金子則彦；田淵正信；小野村英敏，『情報システム規定集』，日刊工業新聞社，1993，p.36；p.83.

[11] 今田高俊，『自己組織性』，創文社，1986，pp.238–241.

[12] 第 2 章 [26].

[13] 第 2 章 [26]，pp.150–166.

[14] 佐藤亮，「データフローダイアグラムの意味」，『経営情報学会誌』，経営情報学会，vol.1，no.1，1992.9.

[15] Schutz, A., (Wagner, H. R. ed.), *On Phenomenology and Social Relations*, University Of Chicago Press; Revised, 1970. = 森川眞規雄; 浜日出夫（訳），『現象学的社会学』，紀伊国屋出版，1981.

[16] Blankenburg, W., “Phänomenologische Epocké und Psychopathologie,” Sprondel, W. W.; Grathoff, R. Ed., *Alfred Schütz und die Idee des Alltags in den Sozialwissenschaften*, Enke, 1979. = 若松昇；木村敏（訳），「現象学的エポケーと精神病理学」，『現代思想』，1980.9, pp.98–117.

[17] 遠山暁,「情報システムの有効性とシステム監査」,『システム監査』, システム監査学会, vol.2, no.1, 1989.3, pp.30–31.

[18] [17], pp.32–40.

[19] [11], pp.183–186.

[20] 木下栄蔵,『AHP 手法と応用技術』, 総合技術センター, 1993.

[21] 木下栄蔵（編著）,『AHP の理論と実際』, 日科技連, 2000.

第 4 章

[1] 山田進,「アメリカにおける内部統制の動向とその統合的フレームワーク」,『システム監査学会第 8 回研究大会発表 1』（抜き刷り）, 1994.5.27, pp.97–108.

[2] 第 3 章 [10], pp.3–4.

[3] 中央会計事務所システム監査部（編）, 松尾明；鍋島幹夫（執筆代表）,『内部統制とシステム監査』, オーム社, 1988, pp.20–23.

[4] 『システム監査 Q&A 110』, 日本情報処理開発協会, 1987, pp.14–15.

[5] 河合秀敏；林兵江；川野佳範；荒川幸弐,「システム監査——理論と実践」（第 4 回研究大会パネルディスカッション）,『システム監査』, システム監査学会, vol.4, no.1, 1990.11, p.73.

[6] 中西昌武,「システム構築プロジェクトの構造的統制〜要件統制と自己組織統制〜（第 10 回記念公開シンポジウム特集 統一論題：システム監査実施における指摘と解決策）講演速記録」,『システム監査』, vol.10, no.1, 1996.10, pp.132–141.

[7] 中岡哲郎,「もののみえてくる過程——“科学を考える”番外編」,『展望』, no.195, 1975.3, pp.38–54.

[8] 山村賢明,「社会化研究の理論的諸問題」, 日本教育社会学会（編）,『教育社会学の基本問題』, 東洋館出版社, 1973, p.100.

[9] 濱島朗；竹内郁郎；石川晃弘（編）,『社会学小辞典』, 有斐閣, 1977, p.189,「状況の定義づけ」の項目.

[10] Weber, M., "Soziologische Grundbegriffe," *Wirtschaft und Gesellschaft*, Studienausgabe herausgegeben von Johannes Winckelmann (Koeln-Berlin: Kiepenheuer & Witsch), 1964, SS.1–42. = 濱島朗（訳),「社会学の基礎概念」,『社会学論集』, 青木書店, 1971, p.89.

[11] 佐藤敬三,「モデル, 理念型にかんするシステム論的一考察」,『科学哲学』, vol.11, 1978, pp.13–27.

第 5 章

[1] 山村賢明,「発達の社会的過程」, 山村賢明；滝沢武久（編),『人間の発達と学習』, 第一法規, 1975, p.47.

[2] Boehm, B., "A Spiral Model of Software Development and Enhancement," *IEEE Computer*, IEEE, vol.21, no.5, 1988.5, pp.61–72.

[3] 松岡真功; 渡辺幸三,「アジャイル開発を加速させるローコード技術の衝撃　第 1 回："アジャイル" と "自動化技術" の限界」, ZDNet Japan, 2019.11.6, https://japan.zdnet.com/article/35144808/, (2019.11.7. 閲覧).

[4] Osterwalder, A.; Pigneur, Y., *Business Model Generation: A Handbook for Visionaries*, Game Changers, And Challengers, Wiley, 2010.

[5] 谷島宣之,『ソフトを他人に作らせる日本, 自分で作る米国』, 日経 BP 社, 2013.

第 6 章

[1] 第 4 章 [9], p.163,「社会的行為」の項目.

[2] 副田義也,「福祉社会学の課題と方法」,『季刊社会保障研究』, vol.20, no.3, 1984, pp.271–284.

[3] http://www.issj.net/gaiyou/rinen.html, (2019.11.13. 閲覧).

[4] 『通産省公報』, 1995.1.30.
[5] 第 4 章 [10], pp.115–118.
[6] 第 3 章 [15].
[7] 岡田英明,「情報システム部門のプロフェッショナルとは何か」,『戦略コンピュータ』, 1994.10, pp.50–54.
[8] 藤沼彰久；角田勝；斎藤直樹；西本進；沼田薫,『C/S システム構築入門』, 日経 BP 出版センター, 1996, p.34.
[9] 日経コンピュータ（編),『すべてわかるクラウド大全 2016（日経 BP ムック)』, 日経 BP, 2016.
[10] 第 4 章 [5].
[11] 門脇厚司,『子どもの社会力』, 岩波書店, 1999.
[12] 門脇厚司,『社会力を育てる——新しい「学び」の構想』, 岩波書店, 2010.

第 7 章

[1] 第 2 章 [1], p.51.
[2] 第 1 章 [15], p.61.
[3] McLuhan, M., *Understanding Media: the Extensions of Man*, McGraw-Hill, 1964. = 後藤和彦；高儀進（訳),『人間拡張の原理——メディアの理解』, 竹内書店, 1967, p.32.
[4] 中西昌武,「要求分析の理論化はどのように可能か？」, 情報システム学会ワークショップ報告資料, 2015.11.22.
[5] 中西昌武,「情報システム学会“システム開発方法論への科学的アプローチ”研究会設置申請書」, 2018.2.20.
[6] Fowler, M., *Analysis Patterns: Reusable Object Patterns, Addison-Wesley Professional*, 1996. = 堀内一（監訳),『アナリシスパターン』, ピアソンエデュケーション, 2002.
[7] Silverston, L., *The Data Model Resource Book*, John Wiley and

Sons, 2008.

[8] Hay, D., *Data Model Patterns: Conventions of Thought*, Dorset House Publishing, 1996.

[9] 安藤正芳,「アジャイル開発で成果出す, 浮かび上がった 3 つの現実解」,『日経 xTECH』, 2018.5.28.

[10] 第 3 章 [3].

[11] 第 3 章 [2].

[12] 第 4 章 [8].

[13] Gouldner, A. W., *The Coming Crisis of Western Sociology*, Basic Books, 1970. → 岡田直之;田中義久（訳),『社会学の再生を求めて』（第 1 分冊), 新曜社, 1978, pp.36–45.

あとがき

本書を，恩師の松平和也氏（プライド社）に捧げる．彼は我が国にシステム開発方法論と情報資源管理の考え方を伝えた人であり，今なお仰ぎ見る高峰である．

本書の執筆に際しては，様々な方との出会いが思い出された．第3章の初出論文の頃，その内容を日本システム監査人協会中部支部の研究会で発表したところ，この地区でシステム監査の普及活動に携わる方々から強い賛同を得た．第4章の初出論文を執筆した後のシステム監査学会では，第3章と第4章の内容を講演する機会が与えられ，あえて「野心的な試み」と称して発表した研究提案に対し，共感する方々と出会うことができた．また第6章の初出論文の頃，法学部教授（当時）のI先生からぜひ本にまとめて出版するよう勧められた．その後，忙しさにかまけて，出版のことをすっかり忘れていたのであるが，あるとき，学生ベンチャー企業のメディネットグローバル社を立ち上げて間もない新進気鋭の西野嘉之社長と出会う機会があり，彼から我が国のシステム構築の世界が再び混迷の深みに嵌っていることを知らされた．彼は筆者の書き物に目を通すと，今も同じ状況ですと言った．筆者がかつて問題提起したシステム構築の統制の乱れは，頑強に居座り続けていたのである．その後，情報システム学会の研究会で業界の方々と交流を続けたが，同じ感触であった．そうであれば情報資源管理とシステム構築統制のあるべき姿を刊行して世に送り出す意義はある．本書の刊行には，そのような背景があった．

西野氏との出会いの日に，筆者は情報資源管理の考えを説明したのだが，彼には初耳の言葉だった．しかし彼はすぐに理解して，情報資源管理は閉塞状況を突破するのに有効な指導原理になると断言した．筆者は早速彼を松平氏に引き合わせた．それ以来，彼はこの概念を懐に抱いて仕事に勤しんでいる．企業情報の公開サイトとして有名な *Ullet*™ は彼の作品であり，彼が心血を注いだ情報資源管理の大きな果実である．情報資源管理を実現するためには有効なシステム構築統制が求められるのだが，彼はそれをやってのけているのである．彼のようなプレイヤーを輩出する日が，我が国の情報システムの世界に訪れることを願って，本書は執筆された．

本書では，社会学，教育学，科学哲学，宗教哲学などの人文社会科学の知恵を拝借した．筆者が若かりし頃，知の泉たる綺羅星のような先生方から人文社会科学の手ほどきを受けていなければ，本書の構想に辿り着くことはなかった．お一人お一人のお名前をあげることはできないが，その学恩にあらためて感謝を申し上げる．

索　引

【タ行】

【ナ行】

【ハ行】

【マ行】

【ヤ行】

【ラ行】

Memorandum

Memorandum

Memorandum

【著者略歴】

中西昌武（なかにし まさたけ）

名古屋経済大学経営学部教授．博士（工学），システム監査技術者．
愛知県生まれ．筑波大学人間学類卒業．同大学大学院教育学研究科，株式会社プライド等を経て，名古屋経済大学に移り，現在に至る．実務家時代からシステム開発方法論に関心を持ち，首尾一貫して施主のための情報システム構築とは何かを探究し続けている．『システムコンサルタントになる本』（JMAM），『実践 J-SOX 法』（翔泳社），『AHP の理論と実際』（日科技連）などの共著書の他，多数の単著論文がある．学会発表多数．2014 年度の情報システム学会全国大会でベストペーパー賞を受賞．2015 年度の情報システム学会 10 周年記念論文で優秀論文賞を受賞．現在，情報システム学会で方法論科学研究会（略称）の主査を務めている．

名古屋経済大学叢書 第 7 巻
情報資源管理とシステム構築統制の探究
—管理思想からの理論的検討—

Information Resource Management and System Construction Control

2020年 3 月30日　初　版　第 1 刷発行

検印廃止
NDC 007.63
ISBN978-4-320-12457-8

著　者　中西昌武　© 2020

発行者　**共立出版株式会社**／南條光章

東京都文京区小日向 4-6-19
電話 東京(03)3947 局 2511 番
〒 112-0006/振替 00110-2-57035 番
www.kyoritsu-pub.co.jp

印　刷
製　本　藤原印刷

一般社団法人
自然科学書協会
会員

Printed in Japan